Geografía de las curiosidades

Dr. C. Oscar Rodríguez Díaz

EDITORIAL
PUEBLO Y EDUCACIÓN

4.ª edición: Editorial Universitaria Félix Varela, La Habana, 2017.
3.ª edición: Editorial Caminos, La Habana, 2015.
2.ª edición: Editorial Pueblo y Educación, La Habana, 2005.
1.ª edición: Editorial Científico-Técnica, La Habana, 1995 (primera reimpresión 2001).

Edición y corrección: Lic. Yaneys López Argüelles
Diseño y emplane: María Pacheco Gola

ISBN 978-959-13-4298-0 (Versión impresa)
ISBN 978-959-13-4463-2 (Versión digital)

EDITORIAL PUEBLO Y EDUCACIÓN
Ave. 3.ª A No. 4601 entre 46 y 60,
Playa, La Habana, Cuba. CP 11300.
epueblo@epe.gemined.cu

A Yeni, por su alegría contagiosa
A Yoscar, por su nobleza
A Yoly, por su amor

Índice

ADVERTENCIA NECESARIA

Las curiosidades que presentamos tienen que ver con nuestro hermoso planeta azul, con su naturaleza y con la acción inteligente del hombre. Al ser los humanos los que han escrito la historia, el cúmulo de sus observaciones directas incluye solo una ínfima parte de la vida de la Tierra. Ahora bien, ¿tenemos realmente clara conciencia de lo que significa esa "ínfima parte" en términos de tiempo?

El científico norteamericano Carl Sagan (1934-1996) comparó la larga historia del universo con un año terrestre. Según su propuesta, en el mes de marzo se formó la Vía Láctea, a mediados de septiembre surgieron el Sol y la Tierra y a las 10:30 p.m. del día 31 de diciembre aparecieron los primeros humanos. Según esta apreciación, a las 11:59:20 p.m. del último día del año, el hombre comenzó a utilizar las plantas y animales como materias primas para fabricar herramientas y solo a las 11:59:35 fue que aparecieron las primeras comunidades agrícolas.

De acuerdo con Sagan, toda la historia humana queda resumida en los últimos diez segundos del año y representa apenas lo que una mano en una cancha de fútbol. La época actual corresponde al último segundo del 31 de diciembre del hipotético año.

De manera que, si las mediciones de fosas oceánicas, cordilleras montañosas o ríos se pueden hacer y tienen valores absolutos confiables, independientemente del tiempo de vida de la raza humana, los registros de meteorología u otros impuestos o realizados por el hombre, tienen solo que ver con el período en el cual la humanidad ha podido medirlos y recopilarlos.

PRÓLOGO A LA QUINTA EDICIÓN

Geografía de las curiosidades salió a la luz por primera vez en una modesta impresión mimeografiada (edición Príncipe) de 250 ejemplares en 1993, en uno de los momentos más difíciles del llamado Período Especial, destinada a profesores de Geografía de las entonces dos provincias habaneras.

Un año después se alzaba con uno de los premios de la segunda convocatoria del empeño Editorial Pinos Nuevos en el género de divulgación científica, lo que propició su salida al mercado como primera edición en 1995, por la Editorial Científico-Técnica, que reimprimió la obra en 2001.

En 2005 y gracias a una gentil propuesta de la Dra. C. Margarita McPherson Sayú, entonces directora del Departamento de Formación y Perfeccionamiento del Personal Pedagógico del Ministerio de Educación y después viceministra, el libro recibió su segunda edición por la Editorial Pueblo y Educación. Una década de existencia en el dinámico mundo contemporáneo se había encargado de desactualizar muchas de las informaciones contenidas en la versión original.

En efecto, el paso del tiempo es implacable para la literatura que utiliza datos y estadísticas sobre objetos, hechos, procesos y fenómenos que se desarrollan en el entorno terrestre. A punto de entrar en proceso editorial, la segunda edición de *Geografía de las curiosidades* se enfrentó al dramático tsunami que asoló y devastó las fachadas superpobladas del océano Índico, obligando al autor a remendar el epígrafe destinado a desastres, que hasta entonces ubicaba como el peor fenómeno de ese tipo el ocurrido en Lisboa, en 1755.

Terribles e indeseadas ocurrencias naturales y cambios en el ámbito socioeconómico y político, así como avances tecnológicos de todo tipo, se producen día a día y seguirán dejando obsoletas informaciones que en su momento constituyeron realidades acuñadas en letras de bronce. Es inevitable y es también, una muestra de la mutabilidad de un mundo que ha venido cambiando desde que apareció en los espacios infinitos del universo.

La segunda edición, dedicada por entero a los alumnos de la educación media y de las universidades de ciencias pedagógicas del país, actualizó, amplió, corrigió y agregó nuevos epígrafes vinculados a los cambios y perspectivas vigentes en los inicios del tercer milenio de la era actual.

Su estructura, reagrupada en dos grandes partes, abordó temáticas incluidas en los programas escolares de la Geografía y, por su propia concepción, podía servir para el estudio o la profundización en otras disciplinas docentes, contribuyendo —y era una de sus intenciones vitales— al desarrollo de la cultura general integral.

En 2015 se produjo la tercera edición, esta vez a cargo de la Editorial Caminos, impulsada por una amable propuesta de la M. Sc. Marleny González Ruiz, entonces funcionaria del Ministerio de Educación. Al igual que la segunda, no se destinó al mercado, sino que esta vez formó parte de la colección "Folletos para maestros que aprenden" del convenio "Promoción de la atención integral de los niños y niñas de cinco a 12 años en el ámbito educativo y comunitario" suscrito y patrocinado por el Ministerio de Educación de Cuba, la entidad británica *Save de Children* y la Agencia Española de Cooperación Internacional para el Desarrollo. En esa edición se agregaron tres nuevos epígrafes.

Por último, en 2017 el libro tuvo su cuarta edición, esa vez a cargo de la Editorial Universitaria Félix Varela, destinada a los estudiantes de la carrera de Licenciatura en Educación, especialidad de Geografía, de las universidades cubanas, para la cual también se hizo una minuciosa labor de revisión, actualización e inclusión de nuevos epígrafes e ilustraciones.

Numerosos lectores, entre ellos profesores y alumnos, han ofrecido a lo largo de casi tres décadas, valiosas sugerencias al autor, que en la mayoría de los casos han llegado a puerto seguro. Así, la renovación del libro ha contado con la colaboración de quienes son, sin género de dudas, sus principales destinatarios.

La historia de esta obra, cuyas diferentes ediciones impresas ya rebasan la cifra de 15 000 ejemplares (contenidos en una edición Príncipe, cuatro ediciones oficiales y una reimpresión a cargo de cuatro casas editoriales distintas) y que también ha sido difundida en Cuba y el extranjero en versiones digitales, ha tenido el concurso especial de cuatro personas a las que deseo testimoniar mi profundo agradecimiento: en primer lugar a los doctores Pedro Hernández Herrera, artífice de su primera y modesta aparición mimeografiada en 1993 y Ramón Cuétara López, también amigo y entrañable tutor cuando la defendí como medio para el proceso de enseñanza-aprendizaje en mi tesis en opción al grado científico de Doctor en Ciencias Pedagógicas, en enero de 2004; así como las ya mencionadas Margarita McPherson Sayú y Marleny González Ruiz. Una mención especial merece mi esposa Yolanda Torres de la Nuez, no solo por compartir los avatares del libro desde su nacimiento, sino por su valiosa ayuda en las labores de impresión y puesta a punto de los originales para cada una de las entregas.

Con el mismo entusiasmo de treinta años atrás se preparó esta nueva edición a cargo de la Editorial Pueblo y Educación, que por similares razones a las ya apuntadas, sufrió una notable actualización, con inclusiones que abarcaron no solo el texto, sino también las ilustraciones. El número de capítulos llegó a 66, una cifra que coincide exactamente con la edad de quien suscribe al momento de cerrar las planas.

Conviene señalar que la nomenclatura geográfica utilizada a lo largo de la obra se corresponde con las más recientes normas de la lengua castellana, aceptadas y divulgadas por la Real Academia Española y otras fuentes oficiales.

Reflejar las realidades cambiantes del mundo en los contenidos de enseñanza es un reto permanente de todos los que tenemos el oficio de enseñar. Y enseñar, de manera amena y motivadora, es una sagrada misión a la que *Geografía de las curiosidades* espera contribuir.

Dr. C. Oscar Rodríguez Díaz
La Habana, 15 de septiembre de 2022

INTRODUCCIÓN

Este libro se propone brindar, de manera sintética, un conjunto de objetos, hechos, fenómenos y registros que constituyen verdaderas curiosidades geográficas. Es fruto de la paciente recopilación que a lo largo de mi vida profesional he llevado a cabo para amenizar mis clases de Geografía.

Llegó el momento de organizar y presentar a los presuntos lectores —con toda seguridad un público mucho más numeroso que el de los recintos docentes—, este modesto compendio, que recrea y actualiza la inmensa gama de objetos y hechos fuera de lo común, que se localizan y desarrollan en los más disímiles rincones de nuestro planeta, y que hacen de la Geografía una ciencia no solo útil y necesaria, sino también, interesante y entretenida.

A lo largo de sus epígrafes visitarán, llevados por la magia de la fantasía viajera, las cumbres nevadas del Himalaya y las tierras áridas de la Patagonia; pasarán como un bólido por el casquete antártico; lanzarán un vistazo a cientos de países, capitales y ciudades del mundo; sufrirán los rigores del verano libio, se enterarán de que el Titicaca no es el lago más alto, de que existe un país en el que toda su población cabe en el interior de un ómnibus y, en fin, de cosas tan simples como las longitudes del mayor sistema cavernario y del río más corto del planeta. O mejor aún, mudos de asombro tal vez, sabrán que a la llegada de Colón a América, ya existían en el Nuevo Mundo árboles milenarios.

Con el convencimiento profundo de que la Geografía es una ciencia cautivante, les invito a pasar de página en página, advirtiéndoles que tan pronto lo hagan estarán en camino, viajando por este mundo que todos tenemos el deber de conocer, proteger y amar para que las generaciones futuras también puedan hacerlo. Una sola recomendación les hago: viajen, mediten, reflexionen y asómbrense cuantas veces lo crean necesario. Si durante el trayecto consideran que aprenden disfrutando y que disfrutan aprendiendo, si sienten la necesidad de seguir adelante, complacidos y motivados, entonces yo estaré más que satisfecho.

GROENLANDIA
CANADA
EEUU
BRASIL

PRIMERA PARTE

EL HOMBRE Y SU OBRA CREADORA

A lo largo de los siglos el hombre ha dejado huellas profundas e imperecederas de su accionar inteligente sobre la Tierra, transformando a su antojo el escenario natural en que vive.

Aldeas, poblados o ciudades inmensas marcan de manera indeleble su posición como ser social entre fronteras naturales o artificiales que delimitan sus propios designios políticos. Expresándose en miles de lenguas, intercambiando por medio de decenas de unidades monetarias, enarbolando disímiles banderas y organizándose en múltiples formas de gobierno; el hombre, siempre batallador, ha convertido los recursos naturales en obras y productos que señalan cada vez pautas más sofisticadas, para nuevas y encumbradas formas de vida.

No bastándole la conquista de tierras y mares, se lanzó, en fraternal emulación con los seres alados, a la aventura del aire, despojando a la atmósfera de sus obstáculos al vuelo humano, para traspasarla a bordo de ingenios tecnológicos capaces de penetrar y recorrer el cosmos.

Puentes espectaculares que retan al vacío, túneles increíbles que perforan montañas o atraviesan fondos marinos, rascacielos que se elevan en contra de la gravedad; estadios, represas o templos religiosos gigantescos; vehículos de todo tipo que acortan las distancias, altas murallas y anchas autopistas y cientos de ejemplos por el estilo, dan fe de una obra creadora, sistemática e indetenible llevada a cabo por la más perfecta de las especies que pueblan la Tierra: el hombre.

Para conocer ese mundo que levantó con sus propias manos y en el cual convive en armonioso o precario equilibrio, les ofrezco una plaza en primera fila.

Países y continentes

El mundo actual está integrado por 194 estados soberanos, cuatro países habitados con características especiales (Kosovo, Taiwán, Sahara Occidental y la Autoridad Nacional Palestina) y 67 territorios bajo diferentes formas de dependencia, incluyéndose en ese último grupo 40 que están poblados de manera permanente y varios archipiélagos deshabitados, como las islas Crozet, Ámsterdam y Kerguelen, que conforman el Territorio Antártico Francés, las islas sudafricanas de Príncipe Eduardo y Marión, la isla australiana de Macquarie o la noruega Bouvet, todas en los fríos y desolados mares antárticos.

Eurasia es el continente integrado por más estados, con un total de 91, repartidos en 44 europeos y 47 asiáticos, además de los territorios dependientes de Gibraltar, Man y las Islas del Canal (Reino Unido), las islas Feroe (Dinamarca) y las noruegas de Svalbard en Europa; así como las islas índicas de Cocos y Christmas bajo administración australiana. Desde 1994 se aprobó la constitución de la Autoridad Nacional Palestina (ANP), sobre el territorio de Cisjordania y la Franja de Gaza, que se yergue —al menos en teoría— como el embrión del futuro estado Palestino (el área actual de la ANP es de 5 938 km^2, que representa apenas el 44 % de la otorgada por la Organización de Naciones Unidas —Onu— en 1947 al estado árabe, luego de la aprobación de la partición de Palestina para dar lugar al estado de Israel, oficialmente proclamado en la ciudad de Tel Aviv, el 14 de mayo de 1948).

África está integrada por 54 estados. Pertenecen también a este continente tres territorios dependientes habitados: las ciudades españolas amuralladas de Ceuta y Melilla al norte de Marruecos, y el archipiélago británico de Santa Elena con las dependencias atlánticas de Ascensión y Tristán de Acuña. Dos territorios insulares africanos ubicados en el océano Índico ostentan el estatuto de Departamentos de Ultramar de Francia: Mayotte y Reunión. Por último, al noroeste del continente se encuentra el territorio de Sahara Occidental, bajo ocupación ilegal marroquí.

En las Américas (continentes de América del Norte y América del Sur, así como Centroamérica ístmica e insular) existen 35 estados y 20 territorios habitados dependientes. De estos últimos siete son británicos, seis holandeses, cuatro franceses (incluidos los Departamentos de Ultramar de Martinica, Guadalupe y Guayana Francesa), dos norteamericanos y uno danés.

Australia es el único continente integrado por un solo país, en tanto en la inmensa superficie de Oceanía, existen 13 estados y una docena de territorios coloniales y dependientes con población permanente.

Solo una nación del mundo, Egipto, tiene territorios en dos continentes distintos: África y Eurasia.

Cuatro países euroasiáticos se extienden a lo largo de Europa y Asia: Rusia, Kazajistán, Azerbaiyán y Turquía. En el caso de Estados Unidos, uno de sus estados, Hawái, es un archipiélago de Oceanía ubicado en pleno centro del océano Pacífico, a más de 4 000 km del territorio continental.

Algunas naciones continentales tienen partes de sus territorios separadas por uno u otros países, constituyendo enclaves: la región rusa de Kaliningrado está separada de Rusia por Lituania y Belarús; la República Autónoma azerí de Najichevan está separada de Azerbaiyán por territorio armenio; el estado de Alaska está separado de Estados Unidos por 700 km de geografía canadiense; la provincia de Cabinda está separada de Angola por una estrecha faja de territorio de la República Democrática del Congo; Timor Oriental (Timor Leste en portugués), en la isla de Timor, posee un distrito separado del resto del país denominado Ocussi-Ambeno; los Emiratos Árabes Unidos separan de Omán su enclave de Musandam con costas al estrecho de Ormuz, fenómeno también presente en la costa de Croacia que da al mar Adriático, donde una estrecha franja de 20 km de ancho perteneciente a la República de Bosnia y Herzegovina, conocida como Corredor de Neum, separa del resto del país croata el fragmento oriental de su territorio, alargado y estrecho, que se extiende paralelo a la costa a lo largo de 80 km.

El punto continental más septentrional es el Cabo Cheliuskin (Rusia), en los 77° 44’ de latitud norte; mientras el más meridional es el cabo Froward, en la península chilena de Brunswick, en los 53° 54' de latitud sur.

Trece países son atravesados por la línea ecuatorial: Ecuador, Colombia, Brasil, Sao Tomé y Príncipe (donde pasa por el pequeño islote de las Tórtolas señalizado por un modesto monumento), Gabón, Congo, República Democrática del Congo, Uganda, Kenia, Somalia, Maldivas (solo por su mar territorial, pues no toca tierra en ninguna de las islas del archipiélago), Indonesia y Kiribati. Ocho lo son por el meridiano de Greenwich: Reino Unido, Francia, España, Argelia, Malí, Burkina Faso, Togo y Ghana (los caprichos fronterizos provocan que este crucial meridiano entre y salga dos veces en Togo —la primera vez a lo largo de solo 600 m— y en Ghana).

El país más extenso de este a oeste y, por tanto, atravesado por un mayor número de meridianos, es Rusia, a lo largo de unos 9 000 km (sin incluir la región de Kaliningrado). En cuanto al área propiamente continental, el más alargado de norte a sur, es Brasil (4 395 km). Chile, por su parte, se extiende desde los 18° a los 56° de latitud sur, a través de 4 270 km, con una anchura que nunca sobrepasa los 350 km (es 20 veces más largo que ancho y la distancia que separa sus extremos septentrional y meridional es similar a la que existe entre La Habana y Lima, la capital peruana).

En el caso de Canadá, si se toma en cuenta el archipiélago ártico que lo corona, se extiende de norte a sur desde los 83° de latitud norte en el borde septentrional de la isla de Ellesmere, hasta los 41° de latitud norte en la frontera del lago Erie, que comparte con Estados Unidos, a lo largo de 4 200 km.

En los últimos lustros, varios países han cambiado sus denominaciones, entre ellos Camboya, que pasó a llamarse Kampuchea en los años ochenta del siglo XX y nuevamente Camboya a inicios de los noventa del siglo XX; Brunei se transformó en Brunei Darussalam luego de la independencia en 1984; las islas de Nuevas Hébridas se convirtieron en la República de Vanuatu en 1980; Alto Volta cambió su nombre por Burkina Faso en 1984; Birmania pasó a llamarse Unión Myanmar en 1989; Zaire se convirtió en República Democrática del Congo en 1997 y Yugoslavia en República de

Serbia y Montenegro en 2003 (fenecida en junio de 2006 para dar paso a las repúblicas independientes de Serbia y de Montenegro). Después de la desintegración de la Unión Soviética en 1991, la República de Moldavia también se conoce como Moldova y la de Bielorrusia como Belarús.

Países, capitales y alfabeto

Las letras iniciales de nombres de estados (considerando los nombres en forma corta) más pródigas son la **S** y la **C**, con un total de 22 en cada caso. Tales cifras se incrementan en el caso de la letra inicial **S** a 30, si se incluyen los territorios dependientes de Saint Pierre y Miquelón (Francia), Santa Elena (Reino Unido), San Martín (lados francés y holandés de la isla), Saba y San Eustaquio (municipios especiales del Reino de los Países Bajos en el norte de las Antillas Menores), San Bartolomé (isla francesa del Caribe) y Samoa Americana (Oceanía), mientras que en el caso de la letra **C** se incrementan a 27, al contarse las dependencias de Curazao (Países Bajos), islas Caimán (Reino Unido), Christmas y Cocos (Australia) e islas Cook (Nueva Zelanda). Con la letra **M** comienza el nombre de 19 estados y cinco dependencias.

El nombre de ningún país del mundo (independiente o colonial) comienza con las letras **Ñ**, **Q** y **X**, en tanto, con la **O** lo hace solo uno.

De acuerdo con el alfabeto español, Afganistán comienza la lista y Zimbabue la cierra. Cuba aparece alfabéticamente en el lugar 48 entre los estados, pero si se incluyen los territorios no autónomos, entonces se desplaza hasta el 57. Su antecesor es Croacia y el sucesor Dinamarca.

La letra **Ñ** solo está presente en el nombre de España y la **X** en los de México y Luxemburgo.

En cuanto a letra terminal, la **A** no tiene competidora, pues casi la mitad de los nombres de los países del mundo terminan con ella.

En relación con las capitales estatales, un total de 27 comienzan con la letra **B**, 20 con la **M**, 17 con la **S** y 16 con la **A** y la **P**. Con las letras **Ñ** y **X** no comienza el nombre de ninguna, mientras que con **I**,

Q, **U** y **Z** lo hacen una en cada caso. Alfabéticamente la lista de capitales la inicia Abu Dhabi (Emiratos Árabes Unidos) y lo cierra Zagreb (Croacia). La Habana ocupa en tal sentido el puesto 88, entre las ciudades de Kuwait y La Paz (sede del gobierno de Bolivia).

Sin contar los nombres compuestos, la denominación de estado más larga (siempre según la escritura oficial en lengua española) es Liechtenstein (13 letras) y la más corta Lao (tres letras). En cuanto a capitales, la más larga es Antananarivo (Madagascar) con 12 letras (de incluirse nombres compuestos entonces el récord lo ostenta la de Sri Lanka con 23 letras: Sri Jayawardanapura Kotte). Las más cortas son Apia (Samoa), Bakú (Azerbaiyán), Doha (Catar), Kiev (Ucrania), Lima (Perú), Lomé (Togo), Malé (islas Maldivas), Oslo (Noruega), Riad (Arabia Saudita), Riga (Letonia), Roma (Italia), Suva (Fiji), Saná (Yemen) y Seúl (Corea del Sur), con cuatro letras en cada caso y siempre de acuerdo con su escritura en el alfabeto español.

Las capitales de Sri Lanka (Sri Jayawardanapura Kotte) y de Brunei Darussalam (Bandar Seri Begawan; un nombre de ascendencia persa-sánscrito que pudiera traducirse como Puerto la Bendecida), son las únicas compuestas por tres nombres, pero de tomarse en cuenta el artículo, también se incluiría la de Andorra: Andorra la Vella; mientras que si se incluyen las dependencias, habría que mencionar la de Islas Christmas —Australia—, denominada Flying Fish Cove (Cala del Pez Volador).

Países grandes y pequeños

Rusia, con poco más de 17 millones de km² de superficie, es un país gigantesco, el mayor del mundo. También son notablemente grandes países como: Canadá (9,9 millones de km²), China (9,5), Estados Unidos (9,3), Brasil (8,5) y Australia (7,6). Estas seis naciones se reparten el 45 % de la superficie de tierras emergidas del planeta (excluyendo la Antártida).

Sin embargo, un total de 63 países tienen una superficie inferior a 10 000 km² y 49 de ellos menor incluso a 1 000 km².

En el concierto de países del mundo (incluyendo estados y dependencias), Cuba ocupa el puesto 106 de acuerdo con su tamaño, por lo que más de un centenar son menores que ella. Para los cubanos la Isla de la Juventud, la mayor de los subarchipiélagos de la república, es una isla pequeña, con unos 2 200 km^2 de superficie y, no obstante, 26 estados soberanos tienen una superficie inferior, independientemente de que algunos de esa lista poseen una población que la supera en varias veces, como es el caso de Malta, que con 316 km^2 posee unos 420 000 habitantes (según estimados de inicios de 2014). Son estados realmente minúsculos los siguientes: Tuvalu (24 km^2), Nauru (21), Mónaco (2) y Ciudad del Vaticano (0,44). Veintiuna naciones independientes caben por separado en la más pequeña de las provincias cubanas: La Habana y algunas de ellas, como las mencionadas anteriormente, en cualquiera de sus municipios (un total de siete estados poseen una superficie inferior a la del municipio capitalino de La Habana del Este). La República de Cuba se reparte el 47,2 % del área terrestre total de la América Central insular, proporcionalmente lo que representa Brasil para Suramérica, y la mayor de sus provincias —Camagüey— es más grande que 39 estados soberanos del mundo.

La república más pequeña es Nauru, Oceanía, con 21 km^2 (Ciudad del Vaticano es una monarquía), en tanto la colonia de menos superficie es la británica Gibraltar (5,8 km^2 y alrededor de 30 000 habitantes). Sin embargo, si en el caso de la colonia también británica de Pitcairn se tomara en cuenta solamente su única isla poblada (de un grupo de cuatro), entonces este sería el país más pequeño, con 3,8 km^2.

Países más y menos poblados

Si la población mundial se reagrupara, conformando grupos de cinco personas, en cada uno de ellos habría casi una de origen chino. Parafraseando al geógrafo francés Pierre George, en el mundo uno de cada cinco habitantes es chino, habla el chino y vive a la manera china. En efecto, la población de la legendaria nación del Lejano Oriente rebasaba a inicios de 2022 los 1 428 millones de individuos, es decir, cerca de la quinta parte del total mundial, estimado en 7 862,8 millones (18,1 %).

En la República Popular China, el más poblado de los países, 16 de sus 23 provincias tienen cada una más de 30 millones de habitantes y nueve de ellas más de 50 millones. La más poblada (Cantón) rebasa los 100 millones de pobladores, por lo que si se considerara como una unidad territorial independiente, se sumaría al grupo de los 15 países más poblados del mundo.

Las comparaciones demográficas con China son asombrosas. Bastan estos ejemplos: la nación posee más hospitales que la población residente en países como Andorra, Mónaco, Liechtenstein y San Marino; su número de médicos (más de 1,80 millones en 2013) supera la población total de 53 estados por separado; en tanto sus ciudadanos apellidados Chang —el apellido más común— suman más de 112 millones, que es una cifra demográfica que solo superan 11 países.

El segundo puesto —siempre según datos de inicios de 2022 — lo ocupa India, con 1 399,1 millones de personas. Estas dos naciones son las supergigantes en materia de población. Tanto es así que el tercer lugar, bastante distante de los dos primeros, lo ocupa Estados Unidos, con 335,5 millones de habitantes.

Solo 15 países poseen montos poblacionales superiores a 100 millones de personas. Además de los mencionados, ocupan los puestos siguientes: Indonesia, Pakistán, Brasil, Nigeria, Bangladesh, Rusia, México, Japón, Filipinas, República Popular del Congo, Etiopía y Egipto. En ellos vive el 64 % de la población mundial.

Entre los estados los menos poblados son: Ciudad del Vaticano (unos 800 habitantes), Tuvalu (11 000) y Nauru (11 000). Algunos otros de poca población absoluta como Mónaco (38 900 habitantes) se destacan por las elevadas densidades demográficas que poseen (en el citado Principado de la Europa Mediterránea la densidad llega a más de 19 000 hab/km^2, la mayor del mundo). Son también notables las densidades demográficas de Singapur

(8 216,6) (figura 1) y Malta (1 617,4). Entre los 10 países más poblados, solo aparece con muy elevada densidad Bangladesh, con 1 249,3 hab/km^2.

Fig. 1 Vista aérea de rascacielos en Singapur, uno de los estados más pequeños del mundo y el segundo más densamente poblado.

Otros países muy extensos y poco poblados muestran muy bajas densidades, incluso inferiores a 4 hab/km^2, como son los casos de Groenlandia (0,02), Mongolia (2,0), Namibia (3,0), Mauritania (3,9) y Botswana (3,9), entre otros. En Groenlandia concretamente, el promedio es de un habitante por cada 39,2 km^2.

Y ya que se trata el tema de densidades demográficas, sería ilustrativo señalar que con un grado de concentración poblacional de un habitante por metro cuadrado, toda la población mundial cabría en un área de unos 6 000 km^2, algo inferior a la que presenta la provincia cubana de Santiago de Cuba. Si ese caso hipotético se pudiera dar, la humanidad solo duraría horas.

Entre los países coloniales el menos poblado es Pitcairn, posesión británica de Oceanía, donde apenas residen poco más de 40 habitantes, en su casi totalidad concentrados en el minúsculo poblado de

Adamstown, que funge como capital administrativa. Este pequeño territorio insular aislado en medio del océano Pacífico, es el único del mundo donde la totalidad de su población cabe en el interior de un ómnibus, medio de transporte no existente, pues hacia 2015 solo contaba con tres yipis, 25 motocicletas y 2 tractores que rodaban por los escasos 6,4 km de carreteras sin asfaltar (verdaderos caminos de tierra) que entonces poseía. En este diminuto territorio se edita un periódico mensual, fundado en 1959 y llamado *Pitcairn Miscellany*, de apenas cuatro páginas y algunos centenares de ejemplares, destinado en su mayor parte a la venta en el exterior. Los 46 habitantes residentes en Pitcairn en 2020 lo convertían en el más pequeño grupo humano del mundo regido por una constitución propia.

La población mundial, que fue estimada por la Onu en 7 863 millones de habitantes el 1.º de enero de 2022, crece a un ritmo de 263 000 personas por día, cifra que es superior a la población total que por separado poseen 22 estados.

Configuraciones curiosas de países

Varios países y accidentes costeros poseen configuraciones particulares que se comparan con objetos y figuras de la vida cotidiana o del reino animal o vegetal.

Cuba ha sido insistentemente comparada con un caimán, en el cual la cabeza vendría a ser el extremo oriental del país, una de sus patas la península de Zapata y la cola la península de Guanahacabibes. Para otros semeja un arado.

Italia posee forma de bota, distinguiéndose su tacón y puntera a ambos lados del golfo de Tarento; mientras que España y Portugal se reparten la península Ibérica, que semeja una cara de perfil que lanza sus miradas hacia las aguas procelosas del océano Atlántico, con su cabellera representada por las del Mar Mediterráneo.

México tiene forma de anzuelo, con su extremo punzante en la península de Yucatán; en tanto Chile ha sido comparado, debido a su configuración alargada y estrecha, con una espada que cuelga del borde occidental de Suramérica.

El estado norteamericano de Alaska parece una sartén invertida, con su mango en la sección alargada del archipiélago Alejandro y la costa continental frente a él.

Algunos intentan ver en la isla de Formosa o Taiwán un portaviones frente a las costas orientales de Asia, en las Maldivas un collar de perlas sostenido por su borde superior y en la isla indonesia de Sulawesi un pulpo con sus tentáculos extendidos.

Vietnam viene a ser para unos una letra "S" y para otros el balcón de Indochina; en tanto India parece un florón y Groenlandia un triángulo con el vértice orientado hacia el sur. Egipto semeja un cuadrado y Estados Unidos un rectángulo.

La península Arábiga tiene forma de hacha, con su filo hacia el océano Índico, la isla de Sri Lanka semeja una lágrima que cae de la península de Indostán y Gambia parece una cuña encajada en Senegal.

Fronteras

Hasta el 2022 existían 312 fronteras terrestres nacionales en todo el mundo, desarrollándose 105 de ellas en África, un continente integrado por más de 55 países (entre estados soberanos y dependencias), de los que solo cinco son insulares y 15 carecen de salida al mar. Asia posee 83 fronteras terrestres, Europa 82, las Américas 41 y la región de Australia y Oceanía una.

Las fronteras terrestres generalmente se han trazado siguiendo el curso de ríos, crestas montañosas u otros objetos geográficos. Sin embargo, también existen las llamadas fronteras geométricas o cartográficas, que se han delimitado sobre mapas, en especial en áreas desérticas o selváticas y que a diferencia de las anteriores, son líneas rectas, muy predominantes en el norte de África, en Norteamérica y en la península Arábiga.

La frontera terrestre más larga entre dos países es la que separa a Estados Unidos de Canadá, cuya longitud total, incluyendo el límite con el frío estado de Alaska, se acerca a los 9 000 km. Gran parte de la raya de demarcación entre ambas naciones sigue el curso de sectores de un paralelo y un meridiano, por lo que predomina el tipo de frontera cartográfica.

Comoquiera que una parte de la línea limítrofe entre los dos grandes países norteamericanos se desliza por el espejo acuático de cuatro de los llamados Grandes Lagos (Superior, Hurón, Erie y Ontario), conviene señalar que la más larga, puramente terrestre y continua entre dos naciones, es la que separa a Rusia de Kazajistán a lo largo de 6 846 km de curso sinuoso, a través de frías estepas y elevaciones de Asia central, destacándose también en tal sentido la que comparten Chile y Argentina en un trayecto de 5 255 km y que sigue el curso de elevadas, puntiagudas y despobladas crestas de la cordillera de los Andes en el cono meridional de Suramérica.

En el extremo opuesto conviene apuntar que la más corta de manera absoluta es la que separa a la colonia británica de Gibraltar de España en un trecho de apenas 1,53 km (tres veces menor que el perímetro del estado de Ciudad del Vaticano en relación con las barriadas colindantes de Roma, la atractiva capital italiana). No obstante, resulta oportuno señalar que técnicamente la demarcación internacional menos extensa es la que separa el Peñón de Vélez de la Gomera (posesión española africana) de Marruecos, en un tramo de solo 85 m. Esta es una verdadera curiosidad de la geografía mundial: Vélez de la Gomera era hasta 1930 un pequeñísimo islote escarpado del Mar Mediterráneo occidental de 0,019 km^2 separado por algunos metros de la costa marroquí, pero en ese año y tras una fuerte tormenta que duró varios días, se formó una acumulación arenosa que dio lugar a una "lengua de tierra" con una pintoresca playita, que lo unió al continente. La soberanía de España (que posee además otros dos grupos insulares reclamados por Marruecos denominados Alhucemas y Chafarinas), se reduce al espacio del antiguo islote de 77 m de altitud, en el que se levantan varias edificaciones, algunas de las cuales están ocupadas por los miembros de una reducida guarnición militar del ejército ibérico y por unos pocos civiles contratados que ejercen como panaderos, albañiles y fareros. La frontera no está señalizada, nada ofrece indicios de su existencia y las autoridades marroquíes siguen sin aceptar la pretensión española de seguir controlando el diminuto territorio, todo lo cual provoca que el límite virtual del Peñón no sea reconocido ni aparezca en las estadísticas fronterizas contemporáneas.

La más cruzada es la que delimita a Estados Unidos y México a lo largo de 3 110 km, en la cual se desarrolla un movimiento anual de unos 350 millones de personas en ambos sentidos.

Tres de los 41 estados del mundo que carecen de litoral presentan fronteras terrestres con un solo país, el cual los rodea. Son los casos de los llamados "estados enclavados" de Ciudad del Vaticano y San Marino (rodeados por Italia) y de Lesoto (por Sudáfrica).

Los países con más fronteras terrestres con otros países son Rusia y la República Popular China, con 14 en cada caso. El primero de ellos posee la mayor longitud fronteriza total, sobre una distancia lineal de 20 017 km. El kilometraje fronterizo terrestre de Rusia representa 3,4 veces la longitud total de costas de todas las islas, cayos e islotes que forman parte del archipiélago cubano.

Siete territorios insulares presentan fronteras estatales terrestres. Son los siguientes: isla de La Española (compartida por Haití y República Dominicana); isla de San Martín (la porción meridional ostenta desde octubre de 2010 el estatuto de "país autónomo del Reino de los Países Bajos", mientras que la septentrional tiene el rango oficial de "colectividad territorial" de Francia); Irlanda o Eire (integrada por la República de Irlanda y el territorio británico de Irlanda del Norte o Ulster); Borneo (repartida entre Indonesia, Malasia y Brunei Darussalam) (figura 2); la isla de Nueva Guinea (el oeste pertenece a Indonesia y el este a la República de Papúa Nueva Guinea), la Tierra del Fuego, compartida por Chile y Argentina y la isla de Timor (el oeste forma parte de Indonesia y el este está constituida como la República de Timor Oriental). La división de la isla de Chipre desde 1974 y la proclamación unilateral de la independencia del territorio turco-chipriota del norte en 1975, no son reconocidas por el Consejo de Seguridad de la Onu ni por la comunidad internacional.

Fig. 2 Borneo, al centro del mapa, es la isla repartida entre más países: tres. La parte norte la ocupan el sultanato de Brunei y los estados de Sabah y Sarawak pertenecientes a Malasia, mientras que la porción sur es territorio de Indonesia.

La frontera marítima más larga es la que separa a Groenlandia de Canadá, a lo largo de 2 697 km.

El mundo político cambia

Durante la última década del siglo XX el mapa político mundial sufrió cambios significativos, particularmente en la masa continental euroasiático-africana. Antiguos estados se desmembraron (Unión Soviética, República Socialista Federativa de Yugoslavia, Checoslovaquia); otros se fusionaron (República Federal de Alemania y República Democrática Alemana, República de Yemen y República Popular Democrática de Yemen); Eritrea se desgajó de Etiopía y Namibia se integró al coro de naciones independientes. En total, entre 1990 y 1999 aparecieron 27 nuevos estados en el firmamento político del mundo, alterando la aparente tranquilidad o estabilidad observada desde mediados de los años setenta del siglo XX, una vez concluido en lo fundamental el proceso de descolonización.

La propia Onu ha contemplado, impávida, un aumento poco menos que inimaginable del número de estados afiliados, pasando su membresía de 158 en diciembre de 1989 a 193, en julio de 2022.

Tan profundos y fulminantes cambios —en particular los ocurridos en los años noventa del pasado siglo XX— convirtieron rápidamente en obsoletos los materiales cartográficos existentes, trastocando la geografía política y obligando a olvidar viejas fronteras y ajustarse a nuevas delimitaciones, nomenclaturas y concepciones sociopolíticas. Una publicación española de la época señalaba poéticamente en tal sentido lo siguiente: un Estado que desaparece: la Unión Soviética; un Estado que se transforma: Sudáfrica; un Estado que nace: Palestina.

Ante estos hechos cabría preguntarse: ¿cuántos países existen actualmente? Para responder es necesario tomar en cuenta que bajo el término "países" se incluyen los estados o naciones independientes, así como los territorios habitados bajo diferentes formas de dominación extranjera que aún subsisten.

Los últimos estados en constituirse como tales fueron: Timor Oriental, que alcanzó su independencia en el año 2002; Montenegro, que se separó de Serbia en 2006 y Sudán del Sur, una nación proclamada a mediados de 2011.

En relación con los territorios dependientes o posesiones, es bueno señalar que existen diferentes criterios para definir su número exacto, así como que algunos de ellos (como varias islas y archipiélagos australes) carecen de población permanente o están totalmente deshabitados.

De incluirse todos los territorios (habitados o no) catalogados como posesiones o dependencias de diversas potencias, su número se eleva a 67. Ahora bien, 27 de ellos no están habitados por población residente con carácter permanente (algunas fuentes incluyen erróneamente las pretendidas secciones de la Antártida, donde algo más de 60 estaciones científicas reciben anualmente a varios cientos de científicos e investigadores de una treintena de naciones, que solo se instalan en el continente helado de manera temporal, algunas de ellas solo en el verano austral). De manera que, a la hora de hablar de países dependientes, incluyendo en tal categoría aquellos habitados, hacen un total de 40.

Sobre la base del análisis anterior, el mundo actual está conformado desde el punto de vista político, por 194 estados soberanos, cuatro territorios especiales (la Autoridad Nacional Palestina en la Franja de Gaza y Cisjordania, Cercano Oriente; el Sahara Occidental ilegalmente ocupado por Marruecos y los "estados de facto" no reconocidos por la Onu, Kosovo y Taiwán), así como 40 territorios dependientes habitados, cifras que sumadas hacen un gran total de 238 países. Es necesario consignar que en esos datos no se incluyen varios estados de facto sin reconocimiento internacional (como Transniester, Somalilandia, Abjasia, Chipre del Norte, Osetia del Sur y Nagorno Karabaj) ni la rareza geográfica de Bir Tawil, un territorio deshabitado entre Egipto y Sudán que ninguno de los dos países administra ni reclama, cuyo nombre puede traducirse del árabe como "pozo alto", en alusión a la presencia de un pozo de agua en su parte central y que tiene un contorno de forma trapezoidal, una superficie de 2 060 km^2 (95 km de ancho máximo de este a oeste y 31 km de norte a sur) y una altitud extrema de 662 m; resulta que el trazado de fronteras ocurrido en tiempos coloniales entre los actuales países se produjo en 1899 y se reajustó en 1902 y de acuerdo con sus postulados, Egipto afirma que según el derrotero del primer año Bir Tawil quedaba en territorio sudanés, al tiempo que Sudán, en concordancia con la línea de 1902, se lo atribuye a Egipto, de manera tal que se convierte en el único espacio terrestre del planeta (excluyendo la Antártida, protegida de apetencias político-administrativas por un Tratado Internacional que data de 1959) que no pertenece a ningún país ni probablemente pertenezca, ya que sus fronteras se encuentran entre los dos estados que no se interesan por él.

Los nuevos estados surgidos a partir de 1990 son los siguientes:

- Europa: Federación Rusa, Estonia, Letonia, Lituania, Moldova, Belarús, Ucrania, Alemania (por la fusión de las anteriores República Federal de Alemania y República Democrática Alemana), República Checa, República Eslovaca, Eslovenia, Croacia, Bosnia y Herzegovina, Macedonia, Serbia y Montenegro (los seis últimos formaban parte hasta 1992 de la República Socialista Federativa de Yugoslavia). La relación no incluye a la autoproclamada República de Kosovo desgajada de Serbia y que como antes se expuso, carece de reconocimiento por la Onu.
- Asia: Georgia, Armenia, Azerbaiyán, Kazajistán, Kirguistán, Uzbekistán, Turkmenistán, Tayikistán, Yemen (este último formado por la reunificación de las anteriores repúblicas de Yemen) y Timor Oriental.
- África: Namibia, Eritrea y Sudán del Sur.
- Oceanía: Islas Marshall, Micronesia y Palau.

Los últimos cambios ocurridos en el mapa político mundial son los siguientes: en marzo de 2014 la región ucraniana de Crimea, incluida la ciudad de Sebastopol, luego de un referendo aprobado por la inmensa mayoría de la población, votó a favor de la independencia y acto seguido se desgajó de Ucrania y se incorporó a la Federación de Rusia; en 2018 el reino africano de Swazilandia (nombre inglés) asumió como oficial el de Esuatini, que es el que históricamente ha tenido en la lengua local suazi; en 2019 la capital de Kazajistán volvió a renombrarse y la denominación de Astaná se cambió por Nur-Sultán, mientras que a inicios de ese último año Macedonia asumió oficialmente y con reconocimiento de la Onu, el nombre de República de Macedonia del Norte. Por último, el 29 de noviembre de 2021 Barbados dejó de ser una monarquía y se proclamó como república, manteniéndose como miembro de la Commonwealth (Mancomunidad de Naciones).

No se descartan nuevos cambios, pues el mapa político mundial (figura 3) es susceptible de mantener su dinamismo histórico. Lo demás es imprevisible y una muestra de ello son los focos de tensión que siguen matizando el panorama sociopolítico de nuestros días.

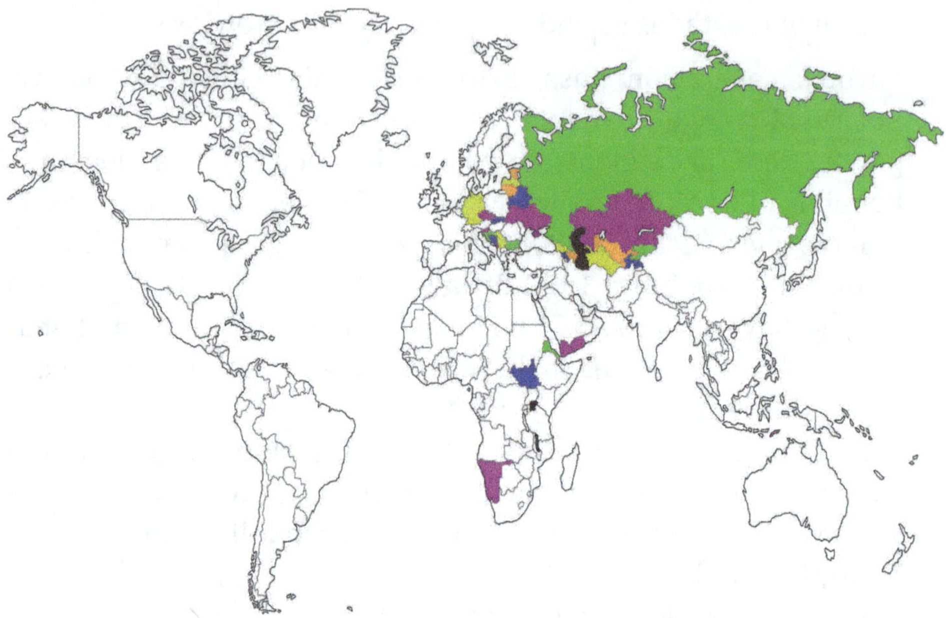

Fig. 3 En el planisferio aparecen destacados los estados que con la configuración actual aparecieron después de 1990.

Por lo pronto, el mundo político de hoy es bien distinto al existente hace varios años. ¿Se atrevería alguien a pronosticar cómo será dentro de un nuevo lustro?

Diques, polders..., el caso holandés

El Reino de los Países Bajos (también conocido en español como Holanda por el nombre de su más importante región histórica) es un país interesante, a pesar de ser uno de los más pequeños de Europa.

La denominación oficial de Países Bajos (*Nederland* en holandés) tiende a confundir y muchas personas piensan que el plural "países" incluye también a la vecina Bélgica, lo cual es un error. Holanda o Países Bajos son denominaciones usadas en español para designar a un solo estado. La pluralidad del término "países" en el mundo latinoamericano y caribeño da idea de más de un país, nación o estado y por vecindad y hasta similitud de relieve, muchos incluyen en la citada mención a Bélgica y Holanda.

Pero conviene aclarar que en Europa el término "país" puede y suele designar además a determinada región o provincia de un territorio soberano e independiente (como ocurre en España con el País Vasco o en el Reino Unido con los países de Gales o Escocia). Ese es el caso de los Países Bajos, una nación más conocida en español como Holanda. Siempre que en el mapa político mundial tratemos de identificar a Países Bajos estaremos referenciando a una sola nación y un solo estado, con su capital administrativa en Ámsterdam, la poética y canalizada "Venecia holandesa".

Casi 30 % de la actual superficie holandesa está bajo el nivel del mar, protegida de la invasión de las aguas por numerosos diques, canales, esclusas y otros aditamentos ingeniosos, sin los cuales más de la mitad del país sería inundado en caso de galernas, incluidos los territorios donde se alzan las ciudades más populosas: Rotterdam, La Haya, Ámsterdam y Utrech.

Los holandeses le han ganado terreno al mar mediante la desecación de vastas porciones y su posterior conversión en polders, los cuales se consideran entre las áreas más fértiles de la nación. Los trabajos de cierres de brazos de mar, golfos y ensenadas, entre los que sobresale la conversión del golfo de Zuiderzee en el lago Yssel, han reducido la línea costera en 700 km.

Hoy 10 % de la superficie nacional ha sido ganada al mar por el hombre en una batalla de siglos por la supervivencia. Tanto es así y tal es el orgullo nacional en tal sentido, que un proverbio popular dice: "Dios creó al mundo, a excepción de Holanda, que es obra de los mismos holandeses".

El sistema de protección del Mar del Norte en Países Bajos se incluye entre las siete maravillas ingenieras del mundo moderno seleccionadas en 1996 (página 44). En otro orden de cosas, es bueno señalar que Países Bajos obtiene los mayores rendimientos cerealeros del planeta, es el tercer exportador mundial de semillas de hortalizas, su agricultura es la más intensiva y eficiente del mundo, marcha a la cabeza en el uso y explotación de la energía eólica (los molinos de viento han llegado a ser un símbolo del campo holandés, levantando sus simpáticas siluetas entre campos esmeradamente cultivados de tulipanes o plantas forrajeras), mientras que, además de una funcional y amplia red de carreteras, es uno de los contados países que cuenta con pistas especiales para ciclistas (unos 7 000 km de pistas ciclables).

Variadas de la toponimia

Inglaterra..., Gran Bretaña..., Islas Británicas..., Reino Unido..., ¿cuál es el nombre correcto del estado Británico? En la prensa y en la vida cotidiana se usan indistintamente cual si fueran sinónimos, pero no lo son. El Reino Unido de Gran Bretaña e Irlanda del Norte —que es su nombre oficial— ocupa la mayor parte de las islas británicas, concretamente la de Gran Bretaña (donde se ubican tres de las regiones históricas del país: Inglaterra, País de Gales y Escocia), el noreste de la isla de Eire (Irlanda del Norte o Ulster) y varias islas y archipiélagos cercanos (con excepción de la isla de Man y las Islas del Canal). Por lo tanto, y abreviando, lo más correcto es decir o escribir *Reino Unido.*

En 1947 el subcontinente indio obtuvo su independencia formal de los colonialistas británicos, quedando dividido en tres países: Ceilán (hoy Sri Lanka), India y Pakistán (en la actualidad son cuatro, pues el territorio de Pakistán Oriental se independizó en 1971 adoptando el nombre de Bangladesh). La idea de esta subdivisión había sido expuesta en 1930 por el poeta Mohamed Igbal, que concibió crear una nación aparte para todos los musulmanes del subcontinente. Para ello se precisaba de un nombre, que reuniendo las siguientes iniciales dio lugar a Pakistán: **P** por Punjab, uno de los estados; **A** por afganos, importante componente poblacional; **K** por Kachemira, otro de los estados; **I** por Islam, la religión oficial y predominante; **S** por el estado de Sind y **TAN** como terminación del nombre propio del estado de Beluchistán.

El nombre de la capital de Camboya tiene el siguiente significado: *Phnom* significa colina y *Penh* es la denominación de una dama notable del tiempo de los reyes de Angkor, la cual según la tradición, encontró en el río Mekong un tronco con una estatuilla que recogió y colocó en lo alto de una colina (el actual Phnom o colina sagrada).

Entre el sur de la isla de Gran Bretaña y el norte francés existe un brazo de mar que comunica el océano Atlántico con el Mar del Norte llamado canal de la Mancha, con una longitud de 560 km y una anchura que varía entre 33 y 250 km (la porción más estrecha, entre Dover en el lado inglés y Calais en el francés, se denomina paso de Calais y desde una de las dos costas, en días claros y despejados, es posible observar la opuesta y hasta alguna de las más altas edificaciones). Pero conviene apuntar que el nombre "de la Mancha" es una mala traducción del francés, pues *la Manche* (en lengua gala) significa "la Manga", en alusión a la forma de este objeto geográfico marítimo que semeja el sitio por donde se introduce el brazo en una camisa.

El nombre de la capital de Nepal, Katmandú, significa "templo de madera" (*kat* es madera y *mandú* es templo). En esa ciudad asiática abundan precisamente las pagodas, en su mayoría construidas con madera y una de ellas da nombre al lugar.

Groenlandia debe su nombre a sus descubridores vikingos. Estos se hallaban tan habituados a los hielos, los escollos y los paisajes de lava desiertos, que al llegar a la gran isla la denominaron "Tierra verde" (traducción literal), solo porque encontraron las laderas de las elevaciones cubiertas de líquenes.

Obras urbanas

Algo más de la mitad de la población mundial vive actualmente en áreas consideradas urbanas, de manera que, tal fenómeno adquiere una connotación especial, del que forman parte las obras incluidas en los recintos citadinos.

La más extensa avenida es la Insurgentes, que serpentea a lo largo de más de 50 km en el marco urbano de la Ciudad de México. La más ancha es el Eje Monumental de Brasilia, Brasil, que a lo largo de 2,4 km posee seis carriles en ambos sentidos y 250 m de anchura.

La calle más estrecha se encuentra en el pueblo italiano de Ripatransone, conocida como "Callejón de la Virilidad", con apenas 43 cm de ancho en su parte más estrecha. La más empinada se encuentra en Dudenin (Nueva Zelanda), denominada Baldwin Street, con una pendiente que alcanza nada menos que 38°.

Entre las calles con mayor intensidad de tráfico del mundo se menciona un tramo de la avenida Normandía Interchange de Los Ángeles, California, con un promedio de 24 000 vehículos por hora en horario pico. Es significativo además, el promedio de unos 255 000 vehículos diarios que circulan entre las calles 43 y 47 de la Dan Ryan Expressway, de la ciudad estadounidense de Chicago. Para un territorio la mayor intensidad de tráfico la posee Hong Kong (con estatuto especial en la República Popular China), con unos 253 vehículos de motor por km de carretera.

Entre las plazas la mayor es Tiananmen (Puerta de Paz Celestial), en Beijing, República Popular China, con 39,6 ha.

El mayor parqueo del mundo fue construido en Sevilla, España, para la Exposición Universal de 1992, con capacidad para acoger 70 000 automóviles y más de mil autobuses.

El 4 de enero de 2010 se inauguró en la ciudad de Dubái (Emiratos Árabes Unidos), el más elevado de los edificios de la Tierra, cuya altura total desde el nivel de la calle hasta el puntiagudo extremo de una antena es de 829 m. Jamás la humanidad edificó obra alguna tan alta en toda su historia ni siquiera torres de televisión o de cualquier otra modalidad de las comunicaciones contemporáneas. Por primera vez una construcción rompió las barreras sucesivas de 700 y 800 m de altura. El gran rascacielos, oficialmente llamado Burj Khalifa, superó en más de 300 m la altura del edificio que desde el año 2005 ostentaba el récord mundial de acercamiento al cielo, ubicado en la ciudad de Taipéi, capital de Taiwán (Torre Taipéi 101, con 509 m de altura y 101 pisos, que a su vez había desplazado del lugar cimero a las torres gemelas Petronas de Kuala Lumpur, Malasia). La gran torre de Dubái es dos veces más alta que las desaparecidas Torres Gemelas del llamado Centro Mundial de Comercio de Nueva York y ocho veces más que la pirámide monumental de la Plaza de la Revolución José Martí de La Habana, siendo visible desde 95 km de distancia (téngase en cuenta que si la temperatura de la atmósfera desciende 0,6 ^{0}C por cada 100 m de altura y en la base de la citada torre los termómetros marcan 25 ^{0}C, en su cima marcarán 200). Otros datos de esta obra increíble son los siguientes: posee 53 ascensores, sus paneles de vidrio podrían tapizar hasta unos 17 estadios de fútbol y, en fin, consume la electricidad requerida para tener encendidos unos 360 000 bombillos de 100 vatios al mismo tiempo.

De las 60 estructuras existentes en el mundo con más de 380 m de altura a mediados de 2021 (la cifra incluye 11 torres de telecomunicaciones y radio-televisión), un total de 28 se encontraban en 14 ciudades de la República Popular China, siendo las principales

Shenzhen (cinco) y Shanghái y Guangzhou con tres cada una. El segundo país con más edificaciones que sobrepasan la mencionada cota es Estados Unidos con ocho (siete en Nueva York), seguido por Malasia con cinco (todas en Kuala Lumpur) y otras tantas en Emiratos Árabes Unidos (cuatro de ellas en la moderna Dubái). Las restantes 14 edificaciones de tan selecta lista se elevan en 12 ciudades de otros 12 países, con dos en cada caso en Rusia y Corea del Sur. A nivel global un total de 35 ciudades poseían esas descomunales estructuras.

Después del Burj Khalifa de Dubái completan la lista de las siete estructuras más altas del mundo todas inauguradas después de 2012, las siguientes: edificio Merdeka (en Kuala Lumpur, Malasia, con 679 m de altura y 118 pisos), torre de televisión Tokyo Sky Tree (en Tokio, Japón, con 634 m), Torre de Shanghái (en Shanghái, República Popular China, con 632 m y 128 pisos), la Torre Real de Relj de La Meca (en Arabia Saudita, con 601 m y 120 pisos), la torre de televisión de Cantón (República Popular China, con 600 m) y el edificio Ping an Finance Center de Shenzhen (República Popular China, con 599 m y 115 pisos).

El palacio más grande es el Imperial de Beijing (China), que ocupa un rectángulo de 960 por 750 m y un área de 72 ha; mientras que la mayor embajada es la de Rusia en la propia capital china, con una superficie de 18,2 ha. En relación con las embajadas, resulta oportuno señalar que el estado de Ciudad del Vaticano es más pequeño que el área conjunta de sus representaciones diplomáticas en el extranjero.

La casa más grande es el castillo de St. Emmeran en Regensburg, Alemania, con 517 habitaciones y 21 460 m^2 de superficie edificada. Solo 95 de las habitaciones son utilizadas por la familia principesca que lo habita. Es también muy grande el palacio del sultán Hassanal Bolkiah de Brunei, ubicado en la ciudad de Bandar Seri Begawan, capital del pequeño y rico sultanato petrolero.

El mayor centro comercial se llama Dallas Market Center, en Dallas, Estados Unidos, con una superficie de 864 000 m^2 repartida en ocho edificios que cubren 60 ha.

Con respecto a los vertederos de basura urbanos, el mayor se encuentra en Nueva York y se denomina Reclamation Plant No. 1 de Fresh Kills.

La única de las capitales continentales que carece de semáforos es Thimbú, Bután. Con unos 20 000 habitantes, asume las funciones capitalinas del montañoso país mucho más por acoger la residencia real (la nación está constituida como una monarquía constitucional) que por su aspecto citadino. La sensación que provoca caminar por sus calles polvorientas no es la de estar en una ciudad, sino en una aldea exótica del fin del mundo. Aún en 2012 no poseía semáforos ni zonas peatonales, contaba con un cine y apenas dos gasolineras, en tanto las ondas televisivas no intranquilizaban una atmósfera descontaminada de desechos industriales, en un país pobre que solo poseía un avión comercial y editaba un periódico sabatino.

En Finlandia se da un caso especial, pues al considerarse dos idiomas oficiales (finés y sueco), las provincias se denominan de dos maneras diferentes. Por ejemplo, Uudesmaan se nombra en sueco Nylannds y Hameen es Tavastheus. Esta dualidad de nombres se observa en las ciudades e incluso en la capital, Helsinki, donde las calles llevan dos rótulos, uno en finés y otro en sueco.

Capitales

Poco más de 190 ciudades cumplen en la actualidad funciones de capitales estatales (40 de ellas en el hemisferio sur), mientras que cuatro decenas lo hacen en territorios coloniales o dependientes.

La aglomeración capitalina más poblada es la japonesa Tokio, que bordeando una espléndida bahía ronda los 36 millones de moradores (incluye un conjunto de centros urbanos fundidos entre sí: el propio Tokio, Yokohama, Kawasaki, Chiba, Ichikawa, Yokosuka y otros). La Ciudad de México, que durante mucho tiempo se consideró como la primera aglomeración o conurbación urbana del mundo, mostró desde mediados de los años ochenta del pasado siglo una tendencia demográfica decreciente y hoy sobrepasa ligeramente los 20 millones de habitantes. En contraposición la menos poblada es Adamstown (46 habitantes en 2016), en la dependencia británica de Pitcairn.

La Paz, sede del gobierno de Bolivia (Sucre es la capital constitucional), en pleno altiplano andino, es entre todas la más elevada, emplazada a 3 631 m sobre el nivel del mar. Las cinco más elevadas se completan con Quito (Ecuador, 2 700 m de altitud media), Bogotá (Colombia, 2 640 m), Addis Abeba (Etiopía, 2 355 m) y Saná (Yemen, 2 350 m).

En cuanto a latitudes, la más septentrional es Reykjavik, Islandia, ubicada al suroeste de dicha isla en los 64° 08' de latitud norte, mientras que la más meridional es la neozelandesa Wellington, en los 41° 17' de latitud sur. Port Stanley, en las islas Malvinas, con unos 1 600 habitantes, es el centro administrativo más próximo a la Antártida, ubicado en los 51° 43' de latitud sur.

De acuerdo con la longitud, la más oriental es Suva (Islas Fiji), en los 178° 35' al este del meridiano de Greenwich y la más occidental Mata Utu (enclave francés de Wallis y Futuna), en los 178° 43' al oeste del citado meridiano.

Las capitales más cercanas entre sí, descartando a Roma y Ciudad del Vaticano, son Kinshasa y Brazzaville, de la República Democrática del Congo y de la República del Congo, respectivamente, ubicadas frente a frente y visibles una de la otra, en las riberas norte y sur (en el mismo orden) al oeste del llamado lago Malebo, que supone un ensanchamiento del caudaloso río Congo (por cierto, solo otras dos se encuentran a ambos lados de un río, en este caso el Río de la Plata: la uruguaya Montevideo y la argentina Buenos Aires). Las más lejanas para dos países que comparten fronteras son Moscú (Rusia) y Pyongyang (República Popular Democrática de Corea), separadas por 4 200 km.

La más cercana a la línea ecuatorial es Quito (Ecuador), cuyo centro se ubica en los 0° 13' 07"de latitud sur, en un hermoso valle andino. La única ubicada en el meridiano de Greenwich es Londres (Reino Unido).

Bishkek, capital de Kirguistán, es la más alejada del mar, a unos 2 000 km de la costa marítima más próxima (litoral pakistaní del Mar Arábigo).

La de más rápida construcción fue Brasilia, que se edificó en solo cuatro años (1956 a 1960), en un punto del interior brasileño y que sustituyó en el plano político-administrativo federal a Río de Janeiro.

En cuanto a belleza, aunque ello entraña una valoración muy relativa y necesariamente subjetiva, la mayoría de las opiniones coinciden en destacar a París como la más hermosa.

La capital más cara, según estudios de la entidad Corporate Resources Group, es Tokio (Japón). Entre las 15 ciudades más caras aparecen las siguientes capitales (entre paréntesis el país al que pertenecen y el lugar que ocuparon en la lista): Libreville (Gabón, tercera), Brazzaville (República del Congo, cuarta), Madrid (España, octava), Lima (Perú, novena), Buenos Aires (Argentina, décima), Moscú (Rusia, decimotercera), Viena (Austria, decimocuarta) y París (Francia, decimoquinta).

En 35 estados la capital no es la ciudad más poblada ni más importante desde el punto de vista económico. En Estados Unidos, por ejemplo, Washington DC ocupa el noveno lugar entre las aglomeraciones urbanas de acuerdo con el número de habitantes; en Canadá la capitalina Ottawa se ubica en séptimo lugar, situación que en mayor o menor medida se repite en naciones como India, Sudáfrica, Brasil, Australia, Turquía, Nueva Zelanda, Vietnam, Bolivia, Tanzania y Pakistán, entre otras.

En varios países la actual ciudad capital fue previamente planificada para ser construida. Brasilia no es el único caso ni mucho menos, pues antes que ella lo habían sido Washington y Canberra y después Islamabad, Belmopán, Abuja y Putrajaya.

Veamos: en 1990 se creó en Estados Unidos, entre Virginia y Maryland, un espacio para edificar una nueva ciudad planificada, cuya primera piedra simbólica se colocó en el edificio que después se llamaría Casa Blanca, cerca del río Potomac. Dicho espacio es un distrito federal y se conoce como Distrito de Columbia (por Cristóbal Colón), en tanto la ciudad asumió el nombre de Washington para honrar a su primer presidente y uno de los padres fundadores de la nación; a partir de 1913 se levantó en Australia una nueva ciudad para asumir el rol de capital llamada Canberra, la cual recibió al gobierno desde Melbourne en 1927; Islamabad (Ciudad del Islam) se construyó en los años sesenta del pasado siglo para sustituir a Rawalpindi como capital de Pakistán y gran parte de su costo fue asumido por el rey saudita Faisal; Belmopán fue edificada a partir de 1967 para sustituir a la ciudad de Belice, muy afectada por un huracán, como capital de la antigua Honduras Británica antes de su independencia en 1981, cuyo nombre es un acrónimo conformado por los ríos Belice y Mopán; en tanto también fueron construidas de manera planificada las actuales capitales de Nigeria (Abuja, sustituta de Lagos en 1991) y de Malasia (Putrajaya, fundada en 1995 a 36 km de Kuala Lumpur).

Veinticinco países del mundo, constituidos como estados federales, asientan sus respectivas capitales en territorios denominados distritos federales, al estilo de México, Brasil, Venezuela, Nigeria, Alemania, Emiratos Árabes Unidos, India o Estados Unidos de América. Son los casos entre otras de Washington D.C., México D.F., Brasilia o la australiana Canberra.

Del notable dinamismo que ha caracterizado al mapa político mundial en las últimas décadas no han escapado las capitales nacionales. Así, se observa que en el último medio siglo, un total de 13 países han trasladado las funciones capitalinas a una nueva ciudad y siete de ellos han cambiado el nombre con el cual eran conocidas de manera oficial.

En cuanto a los cambios de capital, en las Américas se produjo uno cuando en Belice se construyó una nueva ciudad para tales menesteres, que sustituyó en 1970, 11 años antes de la independencia del país del Reino Unido, a la ciudad de Belice: Belmopán, ubicada hacia el interior del país, en la confluencia de los ríos Belice y Mopán, de cuya combinación surgió su nombre.

En África cinco países cambiaron de ciudad capital. En 1968 la ciudad de Malabo, al norte de la isla de Bioko (antes Fernando Poo), asumió las funciones capitalinas de Guinea Ecuatorial en sustitución de Bata; en 1974 Lilongwe sustituyó a Zomba en Malawi; en 1983 la ciudad interior de Yamusukro sustituyó a la costera Abidján en Costa de Marfil; en 1991 la también interior y poco conocida Abuja desplazó protagónicamente a Lagos, en Nigeria y, en fin, en 1996 Dodoma se proclamó capital a costa de la importante ciudad costera de Dar es-Salam, en Tanzania.

En Asia también se produjeron cinco cambios. En 1980 Israel anunció que en lo adelante reconocería a Jerusalén como su "capital única, eterna e indivisible", lo que supuso reacciones adversas en casi todo el mundo, al recordarse que tal proceder era violatorio de los principios por los cuales fue creado el país bajo la égida de la Onu en 1948 y en contra de numerosas resoluciones de su Consejo de Seguridad. En 1989 Sri Lanka anunció el traspaso paulatino de las funciones capitalinas de Colombo a la barriada residencial occidental de Sri Jayawardanapura Kotte, un hecho ya consumado. Por su parte, en 1995 Malasia hizo público el traslado también progresivo de las principales oficinas gubernamentales hacia la nueva ciudad de Putrajaya, ubicada a 35 km al sur de Kuala Lumpur; en 1998 en Kazajistán se produjo el traslado oficial de la capital desde Almaty —antes Alma-Atá— hacia Astaná y en 2006 Unión Myanmar trasladó la suya de Yangón (antes Rangún) hacia la actual Naipyidó.

En el año 2006 Palau, un pequeño estado de Oceanía, cambió la sede de su capital de Koror, la ciudad más importante del país, hacia la pequeña Ngerulmud.

Por último, tras la reunificación alemana, Bonn perdió las facultades capitalinas que tuvo a partir de 1949 y Berlín reasumió la capitalidad de toda Alemania.

Resulta bueno acotar que en la mayoría de los casos las ciudades sustituidas siguen siendo las más populosas e importantes desde el punto de vista económico, comercial y financiero de sus respectivos países.

En cuanto a cambio de nombres, en África se produjeron tres: en Chad la capital abandonó su denominación de Fort Lamy y pasó a llamarse Yamena en 1973; la mozambicana Lorenzo Márquez asumió el nuevo nombre de Maputo en 1976 una vez consumada la independencia del país; mientras que en 1982 Salisbury se convirtió en Harare al alcanzar Zimbabue la soberanía del Reino Unido.

Los otros cambios de denominaciones capitalinas fueron los siguientes: en 1979 Groenlandia cambió el nombre danés de Godthab (que significaba Buena Esperanza) por el inuit Nuuk (El Cabo); en Kirguistán la principal ciudad administrativa reasumió en 1991 su antiguo nombre de Bishkek en sustitución de Frunze, con el que fue conocida desde 1926 en honor al general soviético del Ejército Rojo Mijail Frunze que había nacido en ella; en 1992 la capital de la actual república de Montenegro hizo lo mismo con Titogrado, nombre que tuvo después de la Segunda Guerra Mundial como distinción a Josip Broz, conocido como Tito, (militar, político y presidente de la República Socialista de Yugoslavia), que reasumió el nombre de Podgorica; mientras que en 1993 la kazaja Alma-Atá pasó a llamarse Almaty y tras su traslado en 1998 para Akmola, esta última transformó su nombre en Astaná, cambiándolo por última vez en fecha reciente a tono con una propuesta parlamentaria que databa de 2008 en honor al primer presidente de la era postsoviética Nursultán Nazarbayev.

Al reunificarse Vietnam en 1976, Saigón (hoy Ciudad Ho Chi Minh) dejó de ser capital (lo fue de Vietnam del Sur), ocurriendo algo similar con Adén, capital de la antigua República Popular Democrática de Yemen.

En el caso de Pekín (República Popular China), las reglas vigentes para transliteral la lengua china a los diferentes fonemas indoeuropeos, hacen que se escriba oficialmente Beijing, lo que permite una pronunciación más cercana a la auténtica en chino-mandarín, que es la versión oficial como lengua nacional del chino en el gran país.

En el plano de los detalles físico-geográficos tenemos que la peruana Lima es la capital nacional menos lluviosa, la sudanesa Jartum, la más cálida y seca y la mongola Ulán Bator, la más fría.

Ciudades y poblados

En el mundo existen unas 600 ciudades de 110 países con más de 500 000 habitantes cada una (considerándose el área administrativa de las ciudades y no el de las aglomeraciones urbanas), de las cuales casi 200 se encuentran en Asia. Los países con más ciudades con estas características son: Estados Unidos, República Popular China, Rusia, India, Brasil y Japón.

Mount Isa, en el estado australiano de Queensland, está reportada como la ciudad que ocupa mayor superficie en el mundo, sin que a pesar de ello sobresalga en lo absoluto por el número de habitantes que la pueblan. La superficie administrada por su ayuntamiento es de 41 225 km^2, que equivale aproximadamente a la de Países Bajos.

Aucanquilcha, en un punto de la agreste geografía andina chilena, a 5 334 m de altitud, es el poblado más elevado; en tanto la ciudad china de Wenchuán es la más alta, enclavada a 5 100 m sobre el nivel del mar (en la meseta del Tíbet se reporta un asentamiento humano a 6 019 m de altitud). El poblado más bajo es Ein Bokek, en Israel, situado en las proximidades del Mar Muerto, a 393,5 m por debajo del nivel del mar.

La ciudad más septentrional es la rusa Dickson, ubicada en los 73° 32' de latitud norte. Pero el poblado más cercano al Polo Norte es Nueva Alesund, un asentamiento minero de las islas noruegas de Svalbard, emplazado en los 78° 55' de similar latitud (en estas islas se encuentra el museo más septentrional, ubicado en una vieja granja y dedicado a la caza de la ballena y a la historia natural ártica). El asentamiento permanente más septentrional es el puesto avanzado de Alert (militar), perteneciente al Departamento Nacional de Defensa de Canadá, ubicado en la isla de Ellesmere en los 82° 30' de latitud norte.

La ciudad más meridional es Ushuaia, en la sección argentina de Tierra del Fuego, en los 54° 45' de latitud sur. El asentamiento más cercano al Polo Sur es Puerto Williams, en la sección chilena de Tierra del Fuego, algo más meridional que Ushuaia. Si se incluyen las estaciones científicas permanentes radicadas en la Antártida, entonces el asentamiento más meridional es la estación norteamericana AmundsenScott, en las proximidades del propio Polo Sur. Tokio es la más populosa del hemisferio norte, mientras que la brasileña São Paulo ostenta similar categoría al sur del Ecuador.

Por su parte, la ciudad más alejada del mar es Wulumuch'i o Urumqui (República Popular China), que se encuentra a 2 250 km de la costa marítima más próxima.

Nueva York es la más cosmopolita de las ciudades, donde todas las razas, todos los pueblos y todas las religiones están representadas. En la inmensa urbe hay el triple de negros que en Gabón, casi tantos judíos como en todo Israel, más puertorriqueños que en San Juan, más italianos que en Palermo y más irlandeses que en Cork. Sus docenas de periódicos se editan en yiddish, árabe, croata y otras 22 lenguas y son leídos por polacos, tibetanos, khmers, vascos, gallegos y kurdos, entre otros muchos representantes de pueblos y naciones del mundo. Posee todas las cocinas del planeta, desde la armenia a la coreana, para satisfacer una demanda tan amplia como variada y en sus calles, avenidas, parques, clubes nocturnos y hoteles de tolerancia se desenvuelven más de 20 000 prostitutas de todas las tallas, colores y fisonomías, muchas más que las que se encuentran en París, Londres, Roma y Tokio juntas. La gran ciudad es a la vez la capital mundial del vicio y el desempleo, con un índice de violencia notablemente alto, que complica la labor de los 32 000 policías que patrullan día y noche sus 9 000 km de calles.

En los años noventa del siglo XX varias ciudades retomaron oficialmente antiguos nombres, entre ellas las rusas San Petesburgo (antes Leningrado) y Nizni Novgorod (Gorki) o la alemana Chemnitz (Karl Marx) y Podgorica (capital de la República de Montenegro), que durante varias décadas se llamó Titogrado, en tanto el 1.° de mayo de 1995 se anunció el cambio de nombre de la ciudad india de Bombay, que en lo adelante y en honor a la diosa Mumba Devi, se conoce como Mumbai, mientras que más recientemente las también indias Madrás y Calcuta pasaron a llamarse Chennai (1996) y Kolkata (2001), respectivamente.

Ciudades de estilo veneciano

La ciudad italiana de Venecia tiene fama universal y es única. Se levanta en un estrato acuático sobre 118 islas separadas por centenar y medio de canales, en medio de una laguna litoral del borde norte del Mar Adriático, a unos 4 km de tierra firme. Es una suerte de laberinto acuático que se resume en dos palabras: islas y canales. Casi 400 puentes enlazan las primeras y salvan los segundos, antiguos y recientes, entre los cuales los más famosos son el Rialto, siempre lleno de turistas y el de Los Suspiros.

La parte principal de la controvertida y romántica ciudad italiana está recorrida por el Gran Canal, en forma de "S". La mayoría de sus construcciones se realizan sobre pilotes y en muchos de los barrios se prohíbe la circulación de automóviles, para preservar el encanto medieval de sus calles estrechas y a veces tortuosas. Los medios de transporte tradicionales son las conocidas góndolas (figura 4) y los llamados “vaporcitos”.

Las góndolas son un mito de Venecia. Estas gráciles embarcaciones fueron hechas para esta ciudad y solo allí se construyen y circulan. Han devenido en un símbolo del amor y en un sello de los atardeceres venecianos bajo los puentes de piedras, con su estilizada silueta, líneas aerodinámicas, fondo plano y pequeño calado, ideales para recorrer los canales pocos profundos de este excepcional emplazamiento urbano. Pero el número de ellas se reduce y su construcción es una industria en plena decadencia, aunque conservan la función decorativa que impone la demanda turística, siendo la ciudad un gran foco de atracción de visitantes.

Fig. 4 Góndolas en el Gran Canal de Venecia.

Existen otras ciudades de estilo veneciano desperdigadas por el mundo. Por ejemplo Ámsterdam, la capital holandesa, construida sobre islas bajas y surcada por numerosos canales que salvan unos 300 puentes; la rusa San Petesburgo, emplazada en un conjunto de islas del delta fangoso del río Neva, muy conocida por la belleza de sus numerosos puentes levadizos que al abrirse en horas de la noche y la madrugada para permitir el tráfico acuático le imprimen al entorno un sello de inigualable majestuosidad; Estocolmo, la capital sueca, ubicada en una serie de islas formadas por el desagüe del lago Meara al mar Báltico y recorrida por infinidad de canales (estas tres, junto con la belga Brujas, la danesa Copenhague y la alemana Hamburgo reciben el apelativo de "Venecias del Norte"); Soutcheou, identificada poéticamente como la Venecia China por el notable entrecruzamiento de calles y canales que la distinguen; la floridana y turística Fort Lauderdale (la Venecia de América), dispuesta sobre un enmarañado conjunto de canales; la iraquí Basora que se identifica como la Venecia del Medio Oriente, la barriada y demarcación territorial de Xochimilco al sureste del Distrito Federal recorrida por canales precolombinos y apodada como la Venecia Mexicana y, en fin, Bangkok, capital tailandesa, emplazada en ambas orillas del río Menam, a unos 40 km de su desembocadura y surcada también por abundantes canales, que le han adjudicado el apelativo de Venecia Oriental. El pequeño poblado de Lower Cays o El Cayo en la isla de Guanaja, departamento de Islas de La Bahía, es apodado por similares razones como la Venecia de Honduras.

Tres ciudades euroasiáticas

Muchos piensan que la única ciudad enclavada en territorios de Europa y Asia es la turca Estambul.

La aglomeración urbana de Estambul, con más de 14 millones de habitantes, es la más populosa de la República de Turquía. Y también la urbe más importante de ese país desde los puntos de vista económico, comercial, financiero y turístico. Solo cede desde 1923 ante la capital Ankara en lo referido al significado político-administrativo nacional.

Se localiza en la entrada meridional del estrecho de Bósforo, puerta marítima natural al mar Negro desde el mar de Mármara y por extensión del mar Mediterráneo, una suerte de canal natural angosto de 30 km de largo con un ancho que oscila entre 600 y 3 700 m. Esa ubicación le confiere un destacado lugar estratégicamente histórico en los vínculos entre las regiones euroasiáticas de Europa y Asia.

Al oeste del citado estrecho, en tierras europeas, se desarrolla la ciudad original de Estambul (antes conocida como Bizancio y Constantinopla), con su interesante barriada del Cuerno de Oro. Del otro lado del estrecho, ya en territorio asiático, se levantan varias barriadas, como la de Üsküdar (en español Escútari). Todo el conjunto urbano, unido por tres espectaculares puentes y un túnel ferroviario, conforma la gran aglomeración de Estambul, considerada como una de las megaciudades de reconocida y ganada influencia mundial.

Sin embargo, otras dos ciudades tienen también porciones en ambas regiones del continente euroasiático: la rusa, Oremburgo y la kazaja, Atyrau.

Resulta oportuno recordar que el límite entre Europa y Asia, de norte a sur, pasa por las cimas de la cordillera de los montes Urales, el río Ural, el mar Caspio, los montes Cáucaso, el mar Negro, el estrecho de Bósforo, el mar de Mármara y el estrecho de los Dardanelos.

La ciudad de Oremburgo (con más de 500 000 residentes), al sur de Rusia, tiene barriadas a ambos lados del río Ural, lo que también ocurre con la kazaja Atyrau (unos 200 000 habitantes), localizada en el delta de ese importante río que desemboca en el mar Caspio. Y como el citado río es límite entre ambas regiones de Eurasia, las personas que cruzan los puentes citadinos que lo salvan se desplazan, a veces sin darse cuenta (como también ocurre en Estambul), entre Europa y Asia.

De los cuatro países con territorios en Europa y Asia (Rusia, Turquía, Kazajistán y Azerbaiyán), solo el último carece de ciudades con barriadas en ambas regiones geográficas que algunos confunden como continentes independientes.

Ciudades, países, estadios y deporte

Dos eventos deportivos sobresalen entre todos por el interés que concitan y por la infraestructura y el alto costo que requieren: los juegos olímpicos de verano y las copas mundiales de fútbol.

Hasta el año 2022 se habían celebrado 29 juegos olímpicos de verano de la era moderna, de ellos seis en América del Norte (dos en

Los Ángeles y una vez en cada caso en San Luis, Ciudad de México, Montreal y Atlanta); uno en América del Sur (Río de Janeiro), 16 en Europa (tres en Londres; dos en París y en Atenas y una vez en Estocolmo, Amberes, Ámsterdam, Berlín, Helsinki, Roma, Múnich, Moscú y Barcelona); cuatro en Asia (dos en Tokio y uno per cápita en Seúl y Beijing) y dos en Australia (Melbourne y Sidney). Los juegos de 2024 se efectuarán en París, los de 2028, en Los Ángeles y los de 2032, en Brisbane.

De los 29 juegos olímpicos estivales (no se celebraron los de 1916, 1940 y 1944 por coincidir con las dos guerras mundiales, cuyas sedes habían sido otorgadas respectivamente a Berlín, Helsinki y Londres), 18 han sido organizados en capitales nacionales.

Los juegos celebrados a mayor altitud fueron los de Ciudad de México (1968) a 2 300 m sobre el nivel del mar, y el país que más veces los ha organizado es Estados Unidos con cuatro, seguido por Gran Bretaña con tres.

Solo cinco países han estado presentes en los 29 juegos olímpicos veraniegos: Australia, Grecia, Francia, Reino Unido y Suiza. Solamente los dos últimos han participado en las 24 versiones de las olimpiadas de invierno celebradas hasta 2022.

Las también llamadas "olimpiadas blancas" (invernales) tuvieron su primera versión en Chamonix, Francia, en 1924. Las 24 versiones celebradas hasta 2022 (no se celebraron las de 1940 y 1944 cuyas sedes habían sido otorgadas respectivamente a Alemania e Italia) han tenido por asiento a localidades de 13 naciones del hemisferio norte (cuatro veces en Estados Unidos, tres en Francia; dos en Italia, Suiza, Austria, Japón, Canadá y Noruega y una vez en Alemania, Rusia, Corea del Sur, República Popular China, respectivamente y en la ya inexistente Yugoslavia, siendo la austriaca Innsbruck y la estadounidense Lake Placid las únicas plazas que han repetido). Beijing ha sido la única ciudad en organizar juegos olímpicos de verano (2008) y de invierno (2022).

El mayor número de delegaciones deportivas presentes en unos juegos olímpicos correspondió a los veraniegos de Río de Janeiro en 2016, con 207, incluidas dos con características especiales, pues estuvieron integradas por deportistas independientes y refugiados bajo la bandera del Comité Olímpico Internacional (COI) (en los de Tokio, celebrados en el verano de 2021, estuvieron presentes 206 delegaciones deportivas, una de ellas aglutinadora de 29 atletas refugiados). El número de atletas en la última cita japonesa marcó un máximo registro con 11 326, repartidos entre 33 deportes.

En relación con las copas mundiales de fútbol, hasta finales de 2022 se habían celebrado un total de 22, de ellas 11 en Europa (dos en Italia, Francia y Alemania y una en cada caso en Suiza, Suecia, Reino Unido, España y Rusia), ocho en las Américas (dos en México y Brasil y una en Uruguay, Chile, Argentina y Estados Unidos, respectivamente), dos en Asia (una compartida por Japón y Corea del Sur, en 2002 y otra en Catar, en 2022) y una en África (Sudáfrica, 2010).

Existen varios torneos deportivos regionales o que agrupan a países con determinadas afinidades, tales como: los juegos Panamericanos, los Centroamericanos y del Caribe, los de la Commonwealth, los Mediterráneos y los correspondientes a los Pequeños Estados de Europa (estos últimos se celebran desde 1985 y agrupan a nueve estados europeos con poblaciones inferiores al millón de habitantes con el requisito de poseer un Comité Olímpico Nacional: Andorra, Chipre, Islandia, Liechtenstein, Luxemburgo, Malta, Mónaco, Montenegro y San Marino, siendo la excepción por razones obvias Ciudad del Vaticano, que carece de Comité Olímpico).

Varios grandes estadios del mundo han sido escenarios de lamentables tragedias, en especial vinculadas al fútbol. La mayor de todas ocurrió el 20 de octubre de 1982 en el Luzhniki de Moscú, cuando en una avalancha humana murieron 340 personas, 20 más que las ocurridas el 23 de mayo de 1964 en Lima, como consecuencia de una bronca que tuvo como causa la anulación de un gol en un partido de eliminatorias entre las selecciones de Argentina y Perú.

Símbolos de algunas ciudades

Monumentos, estatuas, torres y otras edificaciones identifican a numerosas ciudades del mundo, llegando a convertirse en verdaderos símbolos.

El famoso Cristo de Corcovado realiza tal función en la bella y atrayente ciudad de Río de Janeiro. Concluido el 12 de octubre de 1931 sobre la cima del Corcovado, mide 38 m desde la base al extremo de la cabeza, con una envergadura de 28 m. La cabeza pesa 30 t, cada brazo 88 t y todo el conjunto 1 115 t. Con sus brazos abiertos contempla la ciudad, mudo de asombro ante la maravilla del espectáculo que han construido los hombres a sus pies.

La ya centenaria Torre Eiffel, antes que el Palacio del Louvre, la avenida de los Campos Elíseos, el Arco de Triunfo de la Estrella o la iglesia de Nuestra Señora, es el símbolo indiscutido de París. Concebida, proyectada y construida por el insigne ingeniero Gustave Eiffel, fue abierta al público el 15 de mayo de 1889, una semana después de la inauguración de la Exposición Universal de ese año. Su altura original fue de 312,27 m, aunque actualmente, con la antena de televisión, llega a 320,75 m. Su primera plataforma se eleva a 57,63 m, la segunda alcanza los 115,73 m y la tercera y última 276,13 m. En 1889 su peso era de 9 700 t, con una carga en tierra de 4 kg/cm^2, similar a la de un hombre de peso medio sentado en una silla. La distancia entre los ejes de los pilares es de 101,40 m y está constituida por 15 000 piezas que acogen siete millones de perforaciones para remaches. Ha recibido en sus más de 100 años de existencia una cifra superior a 200 millones de turistas y fue llamada por José Martí "mástil del barco del mundo".

La imponente Estatua de la Libertad identifica a Nueva York (figura 5). Dicho monumento se encuentra en la isla de Bedloe, se alza sobre un pedestal a unos 91 m sobre el nivel del mar y tiene una altura de 46 m. Bajo la corona posee una sala desde la que se observa el panorama exterior, mientras que en la antorcha que sostiene su mano derecha caben 12 personas, a la cual se llega por una escalera de caracol a través del brazo. Inaugurada el 28 de octubre de 1886, fue un regalo de Francia a Estados Unidos destinado a conmemorar la alianza de los dos países en la guerra de independencia norteamericana. Es obra del escultor realista francés Federico Augusto Bartholdi.

Fig. 5 Magnífica perspectiva de la parte superior de la Estatua de la Libertad en Nueva York.

En medio de la capital italiana, entre otras ruinas de edificios milenarios, se alza el Anfiteatro Flaviano, más conocido como El Coliseo, el mayor y más conservado monumento de la ciudad imperial, símbolo esplendoroso de la "Roma eterna". Edificado hace más de mil años, era el más famoso y mayor de los edificios para espectáculos, con una medida original de 155 m de ancho por 187 de largo y 48 de altura y una capacidad para unos 50 000 espectadores, casi similar a la que posee el mayor estadio cubano: el Latinoamericano. En la actualidad la alta fachada de cuatro pisos que lo circundaba apenas se conserva en su 50 %. El Coliseo romano, testigo de muchos siglos de historia, se mantiene en un lugar cimero entre los grandes monumentos de la humanidad. Sigue siendo punto inevitable de atracción y nido nocturno de parejas de enamorados que buscan la sombra de sus colosales portales, olvidando tal vez que en el interior de esta enorme obra y en sus primeros tiempos de existencia, morían los condenados a muerte ante leones y otras fieras.

Cuando se habla de Moscú se habla del Kremlin ("la ciudadela") (figura 6), majestuoso conjunto arquitectónico formado a lo largo de cinco siglos y escenario de los acontecimientos más relevantes de la historia rusa. Enclavado a orillas del río Moscova y circundado por hermosas murallas y torres, atesora obras de la talla del Gran Palacio, el campanario de Iván el Grande, las catedrales de la Asunción, de la Anunciación y de San Miguel Arcángel, la iglesia del Manto de la Virgen y el Aposento del Patriarca. El Kremlin es el verdadero corazón de Moscú.

Fig. 6 A la derecha el Kremlin de Moscú, capital de Rusia, con el río Moscova totalmente congelado en primer plano.

La "roca sagrada", conocida con el nombre de Acrópolis, es el sello distintivo de Atenas. Es una colina de rocas calizas de 330 m por 170 de base y 156 de altitud (50 m con relación al suelo) que domina la capital griega. Sobre su aplanada cima yacen los restos arquitectónicos de notables obras milenarias, fruto del arte griego clásico, los cuales constituyen uno de los conjuntos monumentales más famosos del mundo. Rodeada hoy por edificios modernos y amplias avenidas recorridas por un intenso tráfico, la Acrópolis era ya, desde el siglo V antes de nuestra era un antiquísimo santuario. Entre sus edificaciones se destacan el Partenón, el Erecteón, el grupo de edificios que forman los Propileos y el templo de Atenea Nike.

Las tres famosas "Torres de las Agujas" identifican a la ciudad de Kuwait. Están ubicadas al norte del malecón, frente al Palacio de Dasman, residencia del Emir. Constituyen un famoso conjunto de líneas modernas y en la mayor de ellas existe un mirador a 200 m de altura desde el cual se puede ver toda la ciudad, así como un restaurante giratorio. La que le sigue en altura almacena en un depósito estilizado un millón de litros de agua y la tercera tiene como única función iluminar a las otras dos.

Quizás la imagen turística más conocida de La Habana sea el legendario Castillo del Morro, que levanta airoso su cuatricentenaria silueta a la entrada de la bahía. Sin embargo, quien visite la capital cubana sin ver La Giraldilla, "no ha visto La Habana". Diminutivo de giralda, es en realidad una veleta de forma humana, emplazada sobre la torre o campanario del baluarte suroeste del Castillo de la Fuerza. Su creador fue el habanero Jerónimo Martínez Pinzón y fue fundida en bronce entre 1630 y 1634. La escultura (una de las mejores de Cuba) está modelada como esperando al viento que la haga girar, con su falda pegada al cuerpo, en pliegues, dejando la pierna descubierta, en punta de pie, erguida la cabeza, con la mirada hacia las alturas y los labios esbozando una sonrisa, mientras la mano izquierda sostiene el asta de una banderola. El gesto de la cabeza, del brazo y de la pierna le imprimen un sello de disposición para la danza. La Giraldilla original fue echada a tierra por el huracán del 20 de octubre de 1926, ocasión en la que perdió la banderola y se le dañó la corona, sustituyéndose por una réplica. La escultura original se puede admirar en el interior del Castillo de la Fuerza en La Habana.

Puentes

En el abigarrado mosaico de obras viales, los puentes ocupan un lugar destacado (figura 7), no solo por el papel que ostentan en la circulación de vehículos, sino también por la complejidad y costo que entraña tal tipo de construcción. Si se sumaran los metros de puentes a escala planetaria, su longitud alcanzaría proporciones gigantescas. Tan solo en Cuba el número de puentes era de 5 862 en diciembre de 2018 (tres cuartas partes de ellos en las llamadas vías de interés nacional) y van desde los pequeños hasta los grandes, altos y espectaculares como el conocido Bacunayagua, que permite la comunicación entre las ciudades de La Habana, Matanzas y Varadero a través de la Vía Blanca, vinculando las orillas del gran valle encajonado del río homónimo, que se ve, desde sus barandillas, como una diminuta línea negruzca entre la profusa vegetación que lo rodea, a una altura de vértigo de 112 m.

Fig. 7 Puente levadizo sobre el río Göta en la ciudad sueca de Trollhättan.

Los mayores puentes del mundo, atendiendo a su "luz" o distancia entre los puntos de apoyo de las secciones más largas son los siguientes: entre los colgantes se destacan el ubicado en el estuario del río Humber en Gran Bretaña, que con un largo de 2 220 m posee una sección colgante de 1 410 m, suspendido por torres que alcanzan una altura de 162,5 m; así como el neoyorquino Verrazano, con una luz extrema de 1 298 m, algo superior a la del Golden Gate (Puerta Dorada) de San Francisco, California (1 280 m), tendido sobre el estrecho de Golden Gate, entre la mencionada ciudad y Sausalito, considerado el más hermoso de todos.

Por su relevancia y belleza, el puente Golden Gate (oficialmente denominado en inglés *Golden Gate Bay Bridge*, es decir, Puente de la Puerta de la Bahía Dorada) merece un comentario especial. Terminado en 1937, fue el más largo del mundo hasta 1964. Con una anchura de 28 m, seis carriles y aceras para peatones, cuelga desde dos torres de 227 m de altura, cuyos cables de casi un metro de diámetro y 7 000 t de peso, son los más anchos para soportar un puente, que ha resistido varios terremotos, entre ellos el de Loma Prieta en 1989. Este puente se pinta sin cesar de rojo vivo: apenas el equipo de 11 pintores llega a un extremo, debe reiniciar el trabajo en el extremo opuesto, como una solución imprescindible frente a las afectaciones constantes de la lluvia, las nieblas y los movimientos telúricos. En 1996 la Asociación de Ingenieros Civiles Americanos, inspirada en la iniciativa del poeta griego de la antigüedad Cidón de Antipater, incluyó el puente Golden Gate entre las "siete maravillas ingenieras del mundo moderno", junto a las siguientes obras: represa de Itaipú (Brasil), edificio Empire State (Nueva York), Torre CN (Toronto, Canadá), Canal de Panamá, Eurotúnel (bajo el Paso de Calais, que une a Francia e Inglaterra, Reino Unido) y el sistema de protección del Mar del Norte en Países Bajos.

Aunque solo sea para dejar constancia del hecho, conviene apuntar que el 7 de julio de 2007, a las 7:00 p.m. (una verdadera conjura del mítico número séptimo) se dieron a conocer en el Estadio de la Luz de Lisboa, Portugal, los resultados de una polémica encuesta popular mundial realizada durante varios años a través de internet, que seleccionó como las nuevas siete maravillas constructivas de la humanidad las siguientes: la pirámide maya de Chichén Itzá en México, las ruinas incas de Machu Picchu en Perú, el Cristo Redentor en la cima del cerro Corcovado en Río de Janeiro, Brasil; el Coliseo de Roma en Italia, la ciudad jordana de Petra, el mausoleo Taj Mahal en India y la Gran Muralla China.

Entre los puentes de arcos de acero el mayor es el New River Gorge (Desfiladero de Río Nuevo) en Virginia Occidental, Estados Unidos (518,6 m de luz) y entre los voladizos el más largo es el canadiense Quebec, solo para ferrocarril, con una luz de 549 m.

El mayor puente de arco de piedra es el Rockville, en Pensilvania, Estados Unidos, con una longitud de 1 161 m. Entre los flotantes el más extenso es el Second Lake Washington, en la ciudad norteamericana de Seattle, con una longitud total de 3 839 m (su sección flotante mide 2 291 m).

El puente ferroviario Huey P. Long, en Metairie, estado norteamericano de Louisiana, es el de mayor luz dentro de su tipo en el mundo con 241 m, mientras que el también ferroviario del río Beipanjiang en la República Popular China es el más alto (también dentro de los de su tipo) con 366 m entre la plataforma de rodamiento y el espejo de agua del río que atraviesa.

Por su parte, el más extenso sistema de puentes se localiza en el estado norteamericano de Louisiana, próximo a la ciudad de Nueva Orleans, y se denomina Second Lake Pontchartrain Causeway, con una longitud total de 38,6 km (se trata de dos puentes paralelos que cruzan el lago Pontchartrain comunicando las ciudades de Mandeville y Metairie, sostenidos y afincados sobre el fondo fangoso por 9 000 columnas de hormigón; el incremento del tráfico por este puente lacustre, que supera el promedio de unos 3 500 vehículos por hora, ha hecho que se trabaje aceleradamente en el propósito de construir una tercera vía paralela a las dos anteriores y de similar longitud, lo que ratificaría al Pontchartrain como el sistema de puentes más extenso de manera absoluta a nivel mundial).

En noviembre de 2017 la República Popular China inauguró el más largo de los puentes sobre el mar, para unir a Macao con Hong Kong. La obra total consta de 55 km e incluye un tramo de 29,6 km que cruza la desembocadura del río Perla, donde se unen un puente de 22,9 km y un túnel de 6,7 km excavado a 40 m bajo el lecho marino, entre dos islas artificiales.

En 2008 la República Popular China, obsesionada por obras gigantescas, había terminado el más largo de los puentes marítimos del mundo (y segundo de manera absoluta después del que atraviesa el lago estadounidense Pontchartrain), denominado Bahía Hangzhou, con una longitud total de 36 km, suficiente para unir a Francia e Inglaterra a través del Paso de Calais. Diseñado con una estructura de acero con capacidad para resistir los fuertes y frecuentes tifones que afectan el este asiático, fue construido en tres años y atraviesa aguas del mar de China Oriental enlazando mediante seis vías (tres en cada dirección) las ciudades de Cixi y Jiaxing enclavadas en el muy importante delta del río Yangtsé.

El más largo de los puentes que une dos países es el denominado Calzada del Rey Fahd, trazado sobre el mar entre Arabia Saudita y Bahréin, y concluido en 1986 con una longitud total de 26 km.

En 2015 el más alto de los puentes del mundo atendiendo a su altura estructural (es decir, aquella que mide la distancia vertical máxima desde el punto superior de un puente —por ejemplo, la parte superior de sus torres en los colgantes— hasta el punto visible más bajo del puente, donde sus estribos emergen de la superficie del suelo o del agua) es el mexicano Baluarte, con 402 m de altura, sobre un barranco de la Sierra Madre Occidental; seguido por el viaducto francés Millau sobre el río Tarn, al sureste del país, que con un largo de 2 460 m y apoyado en siete altos pilares, se alza hasta 343 m de altura, acortando en más de 100 km la ruta París-Mar Mediterráneo.

En tanto y de acuerdo con la máxima altura en vertical que salvan, el más alto de todos es el que atraviesa las gargantas del río chino Sidu, con una altura desde la plataforma de rodamiento hasta el espejo de agua de 496 m. En segundo lugar en tal sentido aparece el mencionado Baluarte, con 390 m sobre el río.

Túneles

En la segunda mitad del siglo XIX el suizo Germain Sommelier inventó el martillo neumático. Desde entonces, los topos fueron paulatinamente relegados a un segundo plano en su competencia con el hombre por la construcción de túneles y pasadizos subterráneos.

Con aquella singular invención y a golpes de aire comprimido y de los efectos bien controlados de la dinamita y la nitroglicerina, Sommelier concluyó en 1906, luego de 13 años de trabajos, el gran túnel ferroviario de Simplon que perfora el corazón del plegamiento alpino y comunica el sur de Suiza con el norte de Italia a lo largo de 19,8 km.

Entre 1882 (fecha de inauguración del túnel suizo del Gotardo) y 1910 fueron perforados en los Alpes 250 km de túneles. Los avances tecnológicos desencadenaron en Europa una verdadera furia por perforar montañas para comunicar sus pueblos, evitando así el complicado trazado de nuevas carreteras a gran altura sobre un terreno escabroso y quebrado, que ofrece a cada paso escalofriantes precipicios y abundantes nevadas en invierno.

Europa y Japón mantienen, sin género de dudas, las posiciones más relevantes en el plano de la construcción y el aprovechamiento de túneles. En el primer caso se explica por la imperiosa necesidad de comunicar el litoral del mar Mediterráneo con el centro y occidente del territorio a través de la gran barrera alpina; en el segundo, además de vencer montañas atravesándolas, cobran especial significado los vínculos entre sus islas principales bajo el mar.

Tanto es así, que los siete grandes pasillos bajo la superficie del mundo actual se localizan precisamente en esas dos regiones geográficas.

Corresponden a Europa el ya mencionado túnel de Simplon, el de los Apeninos (concluido en Italia en 1934 con 18,5 km de longitud), el de San Gotardo (el más largo del mundo para automóviles; enlaza a Suiza e Italia en un trayecto de 16,3 km) y posiblemente el más espectacular de todos: el Eurotúnel, que bajo el Paso de Calais une a Francia con Inglaterra con un trayecto total de 49,9 km, de los cuales la sección bajo el fondo marino mide 37 km, cuya apertura en 1994 significó el fin de la insularidad absoluta de la isla de Gran Bretaña.

Los tres restantes son japoneses. Es bueno acotar antes de mencionarlos, que la comunicación directa por vía férrea (mediante puentes o túneles) une a todas las grandes islas de Japón.

A mediados de los años setenta del pasado siglo los japoneses concluyeron el túnel ferroviario de Kammon (18,7 km) que a través del estrecho de Shimonoseki y bajo el fondo marino, enlazó las islas de Honshu y Kyushu.

Por su parte el túnel Oshimizu, con 22,2 km, atraviesa las montañas de Honshu central y es uno de los mayores del mundo en la modalidad ferroviaria.

La lista se completa con el gran túnel de Seikan, encargado de comunicar las islas japonesas de Honshu y Hokkaido en un tramo de 53,8 km, de los cuales 36 se encuentran a 240 m debajo de la superficie del mar y a 100 m bajo el lecho marino. Este túnel, construido entre 1972 y 1983, se considera como el más largo del mundo para ferrocarril (récord que será superado por el alpino de San Gotardo para ese medio de transporte en los Alpes suizos, con un largo proyectado de 57 km que a gran velocidad serán recorridos en 17 minutos).

En términos absolutos el mayor de los túneles es el de suministro de agua potable que enlaza a Nueva York con el estado de Delaware en Estados Unidos, que con un diámetro de 4 m recorre 169 km.

En Cuba el más largo de los túneles es el que comunica ambas riberas del canal de entrada de la bahía de La Habana, apoyado sobre el lecho marino, con cuatro sendas (dos en cada dirección y un separador central) y una longitud de 720 m.

Los túneles suponen grandes inversiones y derroche de tecnología, por lo que las decisiones para determinar la construcción y apertura de algunos de ellos lleva tiempo y profundas meditaciones técnicas, económicas y políticas. Las obras solo se inician cuando existe el debido acuerdo en torno a su factibilidad y justificación socioeconómica.

Numerosos convoyes ferroviarios y automóviles se mueven día a día bajo la superficie terrestre en todo el mundo, acortando distancias y demostrando que en la lucha hombre-naturaleza el primero lleva cada vez más la mejor parte.

Pueblos del mundo

La Tierra está poblada por más de 2 000 etnias. Desde el punto de vista cuantitativo el pueblo más numeroso es el chino, integrado en la actualidad por más de 1 400 millones de personas, de las que poco más del 97 % reside en la República Popular China.

Presentan más de 100 millones de integrantes los pueblos siguientes: indostanes (que en su casi totalidad habitan en India), estadounidenses, bengalíes (en Bangladesh e India), rusos, brasileños y japoneses.

Son también numéricamente importantes los alemanes, italianos, mexicanos, javaneses, coreanos, punjabíes (India y Pakistán), biharenses (India y Nepal), telugos (India), marathis (India) y tamiles (India, Sri Lanka y Malasia), todos entre 50 y 100 millones de representantes.

Sin embargo, cerca de 1 800 etnias cuentan cada una con menos de un millón de individuos e, incluso, algunas de ellas tan exiguas que apenas rebasan unos pocos miles de integrantes. Los cubanos, de acuerdo con su número, ocupan entre los pueblos el lugar 69, de los que casi el 91 % viven en Cuba y 8 % en Estados Unidos.

Frecuentemente las fronteras políticas no coinciden con las étnicas, de manera tal que muchísimos pueblos están separados por límites estatales y viven dentro de dos o más estados. La mayoría de las veces el grupo numérico fundamental de un pueblo reside en un país, en tanto el resto lo hace en otro o en otros países, como es el caso de los griegos, que tienen su núcleo principal en su propio estado (Grecia) y minorías, por ejemplo, en Turquía.

Sin embargo, existen pueblos o nacionalidades que no tienen un estado en ninguna parte. Quizás en las últimas décadas el caso más conocido ha sido el del pueblo palestino, alevosamente despojado de sus tierras y obligado a vivir durante décadas en otros países o en sus legítimas tierras bajo ocupación israelí. Desde 1994 se vislumbró una posible y polémica solución para las penurias del destierro de este sufrido pueblo, al acordar las autoridades judías y la Organización para la Liberación de Palestina (OLP) la implantación de una autonomía limitada en la Faja de Gaza y en Cisjordania, que con el nombre de Autoridad Nacional Palestina se yergue como embrión del futuro estado árabe.

Los gitanos también carecen de estado propio y viven diseminados por decenas de países, sin que por ello su cultura haya sido asimilada por los países donde viven. Otros pueblos del mundo viven en varias naciones, conservando precariamente los lazos culturales, históricos y lingüísticos que los unen, como es el caso de los kurdos, grupo étnico integrado por unos 35 millones de individuos distribuidos entre Turquía, Irán, Irak, Siria y Armenia. Los kurdos, que habitan una superficie de unos 500 000 km^2 en el llamado Kurdistán, constituyen la etnia sin estado propio más grande del mundo. También deben ser mencionados los vascos, que se asientan mayoritariamente en la Comunidad Autónoma de Euskadi (provincias vascongadas, norte de España), así como en Francia, Argentina y otros países, o los beluches, diseminados en Pakistán, Irán y Afganistán.

Los casos anteriores y muchos otros del mismo tipo han sido frecuentemente motivos de discordias, discriminación y hasta de guerras sangrientas y actividades terroristas, en un empeño interminable encaminado a hacer valer derechos que cada uno considera inalienables, aunque no todos deben verse a través del mismo lente, pues no es posible evaluar de la misma manera las razones históricas y de todo tipo que privan de su estado propio a los palestinos, kurdos, vascos, gitanos, beluches o tamiles, como tampoco las vías que cada uno de esos pueblos u organizaciones que los representan han escogido para lograr —o intentar lograr— sus propósitos de independencia y reconocimiento internacional.

Los gitanos

Los gitanos, como los kurdos o los vascos, entre otros, constituyen un grupo étnico perfectamente diferenciado que no posee un estado propio en ninguna parte. Viajeros de la Tierra, cuya organización social histórica ha tenido por base el viaje, se hayan dispersos por el mundo entero, a pesar de que tres cuartas partes del millón y medio de individuos que lo integran se encuentran concentrados en países de Europa central y oriental (República Checa, Eslovaquia, Bulgaria, Rumania, etcétera).

Mencionados desde hace varios siglos en Persia, Armenia y Creta, arribaron hace unos 600 años a Europa. Hacia 1418 grupos gitanos atravesaron Hungría y Alemania, apareciendo poco después en el litoral del Báltico. En 1419 cruzaron las fronteras de la actual Francia, en 1427 se ven en las puertas de París y en 1501 se reportan en el sur de Rusia. Desde mediados del siglo XIX numerosas familias gitanas han emigrado voluntariamente de Europa hacia América, encontrándose hoy en Canadá, California, suburbios de Nueva York, México, Centroamérica, Brasil e incluso Argentina y Chile.

¿De dónde proceden estos extravagantes viajeros, estos nómadas de la vida en torno a los cuales se han tejido las más increíbles leyendas?, ¿cuál es la patria de origen de estos grupos, que a pesar de su dispersión geográfica han sabido conservar su autenticidad y personalidad a los largo de sus peregrinaciones?

El pueblo gitano, diseminado por múltiples países a través de correrías nómadas, remolques y caravanas peculiares, identificado por carromatos tirados por esbeltos caballos y por singulares manifestaciones del folklor es, a pesar de todo, una comunidad de mujeres y hombres unida por un origen común, en el cual la lengua ha sido un testimonio decisivo y un sello de identidad nacional.

Durante siglos su origen fue un verdadero misterio. Sin embargo, ya hoy no existen dudas sobre su procedencia india, aunque aún queda por dilucidar el grupo étnico y la clase social a la que pertenecían. Investigaciones lingüísticas y etnológicas han hecho posible la certeza del origen indio de los gitanos, cuya gramática y vocabulario presentan puntos comunes que aproximan su lengua (el cíngaro o gitano) a algunas lenguas vivas del subcontinente indio, como el cachemir, el hindi, el marathi y el nepalés, testimoniando de manera irrefutable el punto de partida de sus oleadas migratorias.

Hoy las comunidades gitanas del mundo, unidas por fuertes lazos de identidad, reclaman ser consideradas como minorías étnicas en los países donde residen, como un paso de necesaria justicia y, a la vez, como una humana categoría impuesta por su propio devenir histórico. Toca a los países receptores hacer valer tan justo reclamo.

¿Cómo se distribuye la población mundial?

De la superficie terrestre el 17 % no está potenciada por el hombre en lo absoluto (Antártida, zonas montañosas a más de 5 000 m de altitud, centro y norte de Groenlandia, etcétera.) Extensas zonas no tienen población estable (desiertos de Asia central, Sahara, algunas regiones de la meseta del Tíbet). Los poblados permanentes están ubicados solo entre los 79° y 54° de latitud norte y sur, respectivamente.

En las regiones más densamente pobladas del mundo, que constituyen el 7 % de la tierra firme, se concentra más del 70 % de la humanidad.

Por otro lado, el 90 % de la población habita en el hemisferio norte y aproximadamente la mitad entre los 20° y 40° de latitud septentrional.

La mayoría de la población de la Tierra vive en las llanuras (80 % entre cero y 500 m de altitud), con los más altos porcentajes en Europa (92) y Australia (91) y los menores en África (57). A más de 2 000 m sobre el nivel del mar solo vive el 1,5 % de la población, pero en América del Sur sobre esa altitud habita el 11 %. Los países con más de dos tercios de la población sobre los 1 000 m son: Bolivia (88 %), Afganistán, Etiopía, México y Perú. En otros países prácticamente no hay población sobre los 500 m: Países Bajos, Polonia, Francia, Dinamarca, etcétera (en algunos de los mencionados las cotas máximas quedan por debajo de esa altitud).

El mar ejerce gran atracción demográfica. El 30 % de la población del planeta vive a menos de 50 km del litoral y dos terceras partes a menos de 100 km.

En el litoral marítimo o no lejos de él, están ubicadas 24 de las 31 ciudades de más de cinco millones de habitantes, así como 40 % de las que tienen más de 100 000 habitantes. Solo en China, India, Europa y algunos puntos de América del Norte, la población urbana presenta una importante proporción hacia el interior, más allá de la zona litoral de 100 km de profundidad, en tanto 112 países tienen sus respectivas capitales en la costa o muy cerca de ella.

En los inicios del siglo XXI más de la mitad de la población mundial vive en áreas urbanas, con porcentajes muy altos de urbanización las poblaciones de Singapur (100 %), Bélgica (97 %), Kuwait (96 %) e Israel (92 %), mientras son muy bajos en Bután (5 %), Ruanda (8 %) y Burundi (6 %).

La población que en cada momento se encuentra a bordo de buques y embarcaciones de todo tipo en los océanos y mares del planeta se calcula de dos a tres millones de individuos. Varias decenas de millares surcan la atmósfera constantemente en modernas naves aéreas y muchas veces dos o más hombres se mantienen suspendidos en el cosmos a cientos de kilómetros de la superficie terrestre, a bordo de novedosos ingenios espaciales.

Si la población mundial se proporcionara a 1 000 habitantes (según cifras oficiales de inicios de 2020), 604 de ellos serían asiáticos, 153 africanos, 134 americanos, 104 europeos y cinco residirían en Australia y Oceanía. Por países, 191 serían chinos, 177 indios, 44 estadounidenses, 35 indonesios y 28 brasileños, en tanto, los 525 restantes radicarían en el resto de los países, 84 de ellos en América Latina y el Caribe.

Esperanza de vida, sexos y edades

La Organización Mundial de la Salud ordenó en 2022 a los países del mundo de acuerdo con el comportamiento de la esperanza de vida al nacer, un indicador que globalmente ha ido aumentando en los últimos 60 años, aun cuando se aprecia una significativa diferencia entre los valores de los países más y menos desarrollados.

La mayor esperanza de vida humana la reportó en el año de referencia el Principado de Mónaco, con una cifra general de 89,6 años (85,7 para los hombres y 93,7 para las mujeres). Le siguieron Japón, con un promedio general de 84,3 años, Suiza (83,4), Corea del Sur (83,3), España (83,2), Singapur (83,2), Chipre (83,1), San Marino (83,1), Italia (83,0) y Australia (83,0). Otros 26 países mostraron valores por encima de 80 años, entre los que sobresalen Noruega, Israel, Suecia y Canadá. En la citada lista, Cuba ocupó el puesto 46 con 77,8 años de promedio general (75,4 para los hombres y 80,5 para las mujeres).

En 51 países la esperanza de vida de las mujeres rebasaba en 2022 los 80 años (solamente Mónaco ostentaba más de 90, seguido por Japón, Corea del Sur, España y Singapur), mientras que en el caso de los hombres por encima del promedio de 80 años aparecían 19, encabezados por Mónaco, Suiza, Japón, Australia y Chipre.

El más bajo índice de esperanza de vida lo tenía Lesoto, con un promedio general de 50,7 años (47,7 para los hombres y 54,2 para las mujeres). La decena de naciones con peores resultados en este indicador, todas africanas, se completaba de la siguiente manera: República Democrática del Congo (49,5 años), República Centroafricana (53,1 años de promedio general), Somalia (56,5), Esuatin (57,7), Mozambique (58,1), Kiribati (59,4), Chad (59,6), Guinea Bissau (60,2), Zimbabue (60,7) y Sierra Leona (60,8).

Las diferencias más notables existentes entre los promedios de uno y otro sexo, siempre a favor del femenino, las poseían los siguientes países: Rusia, 9,8 años de diferencia (68,2 para los hombres y 78 para las mujeres); Ucrania, 9,8 años (68 y 77,8, respectivamente); Lituania, 9,2 años (71,2 y 80,4); Estonia, 7,9 años (74,7 y 82,6) y Kazajistán, 7,6 años (70,0 y 77,6).

En el mundo se producen como promedio 104 nacimientos de varones por cada 100 de niñas, por lo que en las edades tempranas en la mayoría de las naciones predominan los representantes del sexo masculino, ocurriendo lo contrario en la vejez, pues a lo largo de la vida la mortalidad masculina es mayor.

Entre los países con mayor proporción de niños entre cero y cinco años, con más del 20 % del total, aparecen Costa de Marfil, Malawi y Ruanda, en tanto los casos contrarios más significativos, con menos del 5 % son Japón e Italia.

En cuanto a la mayor proporción de ancianos, varios países tienen más del 20 % de la población total por encima de los 60 años: Austria, Bélgica, Dinamarca, Suecia, Alemania, Suiza y Reino Unido. El menor porcentaje de ancianos lo presenta Kuwait, con apenas 2,1 %, mientras que tienen valores inferiores al 5 % países como Zambia, Siria y Sri Lanka.

La Antártida no posee población permanente, solo estaciones científicas donde laboran algunos cientos de especialistas por períodos de tiempo relativamente cortos (esta particularidad lo convierte en el continente con residentes de más elevado nivel de escolaridad). Dicho personal está constituido en su casi totalidad por hombres (desde 1943 el máximo de hombres simultáneamente en el "continente blanco" ha sido de unos 2 000, pertenecientes a una treintena de naciones diferentes).

En la prolongación oriental de la península griega de Calcídica se encuentra la célebre República de Monte Athos, que es una comunidad monástica de la religión griega-ortodoxa a la que Atenas reconoce la autonomía política desde 1926. La rara entidad consta de unos

20 monasterios y 12 ermitas reunidas dentro de una gran muralla, edificada en el pasado para la protección contra los ataques piratas. Este, además de Ciudad del Vaticano, es el único país del mundo donde no se producen nacimientos, por la sencilla razón de que según las ordenanzas de los frailes, se prohíbe terminantemente la permanencia, residencia o entrada de mujeres. Su población solo se renueva de manera mecánica.

En la mayoría de las naciones del mundo existe una brecha palpable entre los derechos femeninos y masculinos, a pesar de que gran parte de las constituciones señalan el principio de igualdad entre ambos sexos. Salarios desiguales, obstáculos para el empleo o la ocupación de cargos para las féminas y otras limitantes son hoy una triste realidad internacional.

Lenguas de la humanidad

En el mundo se hablan más de 6 000 lenguas diferentes, de las cuales 850 en India y 870 en la isla de Nueva Guinea. Esta última es el territorio con mayor concentración de lenguas distintas, lo que se explica por la abundancia de valles poblados que posee, con poblaciones aisladas entre sí secularmente.

El idioma chino-mandarín es la lengua utilizada por un mayor número de personas en el mundo para comunicarse (más de 850 millones), muy concentrado en el este asiático, especialmente en China y Taiwán, además de Singapur. Se calcula que en general en lengua china se comunica el 20 % de la humanidad.

Sin embargo, el inglés es considerado como idioma universal y es la lengua materna para unos 400 millones de personas de 12 países. Otros 400 millones lo hablan como segunda lengua y varios centenares de millones más tienen algún conocimiento sobre ella, y goza de posición oficial o semioficial en más de 60 países. Ostenta además, la primicia como el idioma que más se enseña en el mundo y sirve de lengua común en naciones donde se hablan muchos idiomas. Los dos primeros países angloparlantes del planeta son Estados Unidos y Reino Unido.

El quinteto de idiomas más utilizados en el mundo los integran el chino, inglés, hindi, español y ruso (con ellos se comunica el 47 % de la humanidad).

Un total de 96 lenguas son reconocidas como oficiales a nivel mundial. El inglés ostenta ese rango en 48 estados y 21 países dependientes, siguiéndole en tal sentido y orden de importancia el francés, que cumple similar función en 38 países (de ellos 29 estados). El español es oficial en 21 países, el árabe en 19, el portugués en siete y el alemán en cinco.

En general, dos terceras partes de los habitantes de la humanidad se expresan en solo 12 lenguas.

Casi cuatro decenas de naciones cuentan con más de una lengua oficial, entre los que sobresalen por su número Sudáfrica, Suiza y Singapur. No obstante, en múltiples países del Tercer Mundo, sobre todo en África y América Latina, se hablan numerosas lenguas que no se reconocen oficialmente. Por ejemplo, aunque en Mozambique el portugués es el idioma oficial, la población se expresa mayoritariamente en otras 25 lenguas diferentes.

Las mayores ciudades de acuerdo con el idioma en que se expresan sus habitantes son las siguientes: chino (Shanghái), inglés (Nueva York), francés (París), español (Ciudad de México), portugués (São Paulo), árabe (El Cairo), alemán (Berlín), ruso (Moscú), italiano (Milán), japonés (Tokio), persa (Teherán), turco (Estambul), urdu (Karachi), catalán (Barcelona), swahili (Dar-es-Salaam) y coreano (Seúl).

El idioma con más letras es el camboyano: con 74, mientras que la lengua de los rotokas, en la isla de Boungainville (Papúa Nueva Guinea) cuenta con apenas 11.

Según estudios lingüísticos de la universidad noruega de Oslo, el idioma más difícil del mundo es el pirahán, hablado por unos 350 nativos de la Amazonía brasileña, que incluye silbidos, gritos y cánticos, donde la entonación y la pronunciación exactas ostentan gran relevancia.

La Unesco señala que entre 2006 y 2016 desaparecieron en el mundo más de 100 lenguas y otras 400 se encuentran en situación muy crítica, en tanto 51 de ellas son habladas por una sola persona.

El inglés es el idioma más utilizado desde el punto de vista editorial, independientemente de que el periódico de mayor tirada a nivel mundial se edita en japonés (se trata del *Asahi Shimbun*, editado en Tokio, con más de 12 millones de ejemplares diarios).

A Japón le corresponde el 16 % de la tirada mundial de periódicos, solo superado por Estados Unidos. El mayor índice per cápita de diarios lo mantiene Suecia: más de 570 ejemplares por cada 1 000 habitantes.

Entre los diarios en lengua inglesa el de mayor tirada es el *New York Daily News*, aunque el *The New York Times* es más voluminoso (248 páginas diarias en su edición matutina, lo que puede convertirlo en un objeto peligroso si se enrolla y es lanzado a la calle desde determinada altura). Este último dice que si un suceso no aparece en sus páginas, es que "no se ha producido".

De los siete periódicos de mayor tirada a nivel mundial, cuatro se editan en inglés (dos norteamericanos y dos británicos) y uno respectivamente en japonés, chino y alemán.

Y para concluir con la prensa, la Unesco enumeraba a inicios del presente siglo más de 30 países y territorios que no contaban con un solo periódico, a pesar de que según la misma fuente, se publican en todo el mundo más de 40 000, de ellos 10 000 con tiradas diarias.

En resumen, los idiomas oficiales de la Onu son seis: inglés, francés, español, ruso, árabe y chino.

¿En qué países se habla español?

El español o castellano es una lengua milenaria. El más antiguo documento que da fe de su existencia es una oración de 43 palabras registrada al margen del folio 72 de las *Glosas Emilianenses* del Monasterio de Suso, en San Millán de la Cogolla (comunidad autónoma española de La Rioja), escrito en el año 977 n.e. en un castellano incipiente.

El español es lengua materna para más de 400 millones de personas en todo el mundo, tiene más de 495 millones de hablantes, es la tercera lengua universal por el número de usuarios en internet (detrás del inglés y el chino), la segunda lengua de comunicación internacional detrás del inglés e idioma oficial en 21 países distribuidos por Europa, América Latina y África (España, México, Guatemala, Honduras, El Salvador, Nicaragua, Costa Rica, Panamá, Cuba, República Dominicana, Puerto Rico, Venezuela, Colombia, Ecuador, Perú, Chile, Argentina, Uruguay, Paraguay, Bolivia y Guinea Ecuatorial). Además, se habla español en Estados Unidos (donde residen unos 25 millones de hispanoparlantes), en Sahara Occidental y en Filipinas.

En la mayoría de las naciones donde el español es idioma oficial se hablan otras lenguas. En la propia España, su cuna, la constitución reconoce el plurilingüismo del estado, aceptando al español como lengua oficial de la nación —y enseñándose obligatoriamente en todos los centros educacionales—, en tanto oficializa con carácter regional otras lenguas: el catalán, que se habla en Cataluña, Valencia y las islas Baleares (en estas últimas en varias variedades dialectales como las de Mallorca, Menorca e Ibiza); el vascuence, de origen incierto, hablado en el país vasco y el norte de Navarra; así como el gallego en Galicia. En la nación ibérica más de la tercera parte de la población no tiene al español o castellano como lengua materna, aunque lo domina por su condición de idioma nacional.

En casi todos los países latinoamericanos hispanoparlantes, parte de la población se expresa en distintas lenguas. Por ejemplo, en Perú el quechua es también lengua nacional, estando difundido entre los aborígenes del altiplano el aymara y entre los habitantes de la porción oriental del país varias lenguas amazónicas; en Paraguay está extendido el uso del guaraní; en Ecuador se habla el quechua; en México y las repúblicas centroamericanas se emplean diferentes lenguas indígenas, así como también en Colombia y Venezuela. En Guinea Ecuatorial se hablan varias lenguas locales, como el bubi, el fang y el creole-portugués. Solamente en Cuba y en República Dominicana, entre las naciones hispano-hablantes, el español aparece como único medio de comunicación entre sus habitantes, pues incluso en Puerto Rico el inglés gana terreno y es ampliamente utilizado en el plano comercial, considerándose como idioma oficial junto al español.

En el caso de las islas Filipinas, colonia española hasta finales del siglo XIX, el tagalo o filipino es el idioma oficial, en tanto el inglés tiene gran uso en la vida económica. El español ha quedado reducido a ser empleado por apenas el 2 % de la población, a pesar de que abundan los nombres de ascendencia española, lo que puede hacer pensar erróneamente que tiene un peso mayor en la vida nacional.

El país de lengua hispana más poblado es México, que a inicios de 2022 poseía algo más de 129,4 millones de habitantes, monto que lo ubicó en el lugar 10 de la lista de países más poblados a nivel mundial. México es por derecho propio el país de lengua hispana más populoso del hemisferio norte y Argentina, del sur, lo que se repite con sus respectivas capitales, pues la Ciudad de México es también la primera de lengua hispana en el hemisferio septentrional y a escala planetaria (como ciudad y como capital nacional), con unos 20 millones de moradores en el área conurbada; en tanto la argentina Buenos Aires ocupa similar puesto en calidad de ciudad y capital más poblada de habla castellana en todo el hemisferio sur, con más de 13 millones de vecinos en la gran aglomeración metropolitana asentada en la ribera meridional del estuario del Río de la Plata.

La boliviana La Paz (sede del gobierno, pues la constitucional es Sucre) encabeza las ciudades que se expresan en el citado idioma como la más alta del mundo.

La ciudad más meridional cuyos habitantes usan la lengua española es la argentina Ushuaia, asentada en la costa sur de la isla de Tierra del Fuego, con más de 55 000 residentes permanentes. Esta ciudad es considerada de manera absoluta como la más próxima al Polo Sur y es la única de Argentina localizada al oeste de la cordillera de los Andes. Muchos medios de propaganda turística le otorgan el calificativo de "ciudad del fin del mundo" al aprovechar las denominaciones sugestivas de varios de sus sitios o elementos atractivos, tales como: "El faro del fin del mundo", "El museo del fin del mundo" o "El tren del fin del mundo".

En contraposición a Ushuaia y considerando las ciudades grandes (con poblaciones superiores a los 100 000 habitantes), la más norteña de habla castellana es Gijón, localizada en la costa cantábrica de la comunidad autónoma española de Asturias.

La más occidental (a partir del rango de población considerado para Gijón) es la mexicana Tijuana, en el Estado de Baja California.

La más oriental es Bata, antigua capital y ciudad más populosa e importante desde el punto de vista económico de la República de Guinea Ecuatorial, capital de la región continental llamada Río Muni.

Entre todas las ciudades de habla hispana la más próxima a la línea ecuatorial es Quito, capital de Ecuador (apenas a 13 min de latitud al sur de ese importante círculo terrestre); mientras que al meridiano de Greenwich la que más se aproxima es la española Castellón de la Plana en la comunidad autónoma de Valencia (separada de la mencionada línea geográfica por 3 min de latitud al oeste).

La más populosa del arco de las Antillas (incluidas las islas Bahamas) es la dominicana Santo Domingo, capital nacional y ciudad de fundación europea primada de las Américas, donde organismos especializados de la Onu le calculan unos tres millones de moradores (las otras ciudades antillanas millonarias son: La Habana, en Cuba, Puerto Príncipe, en Haití y San Juan, en Puerto Rico).

El español es actualmente uno de los seis idiomas oficiales de las Naciones Unidas y de varias organizaciones internacionales, algunas de ellas tan numerosas como el Movimiento de Países No Alineados. Fue la lengua con la cual Rodrigo de Triana anunció el descubrimiento de un nuevo continente; con la cual Cervantes escribió su inmortal Don Quijote y, en fin, es la lengua en la que se expresan cuatro centenares de millones de personas, unidas indisolublemente por los lazos de un medio de comunicación común que ha desafiado el paso de los siglos.

Horas del mundo

En cada instante en el planeta existen 24 h diferentes, pues 24 son también los husos horarios que las determinan (figura 8).

El país con más horas diferentes es Rusia: 11 en total. Cuando en el occidente de la gran nación contemplan la puesta del Sol y termina el día, en el oriente ya comienza la mañana del siguiente.

A Rusia le siguen Canadá, que cuenta con siete horas distintas y Estados Unidos con cuatro en la porción maciza de 48 estados y seis, al incluirse Alaska y Hawái. China y Australia tienen cada una tres horas diferentes.

Fig. 8 El Puente de la Torre sobre el río Támesis en Londres. La capital británica puede ser considerada como "el reloj del mundo", pues en su barriada periférica de Greenwich radica el Observatorio Astronómico que marca la hora universal.

Existen países que aún no han adoptado exactamente el régimen de husos horarios y presentan horas fraccionarias con relación al tiempo UTC (siglas inglesas de *Universal Coordinated Time*, es decir, Tiempo Universal Coordinado), correspondiente al huso horario 24, letra W, cuyo meridiano central es el 0° de Greenwich. Entre otros pueden ser mencionados: Guyana, Suriname, el este de la península canadiense del Labrador, Irán, Afganistán, India, Malasia y Papúa Nueva Guinea.

Mientras que otros adoptan horas oficiales que no corresponden al huso horario que los atraviesa, como ocurre en Argentina, España y Francia.

Cuba se rige por el huso horario 19 que tiene como meridiano central el 75° de longitud oeste, que atraviesa el extremo oriental del país. Durante los meses de verano, para lograr un óptimo aprovechamiento de la luz solar, se adopta la hora del huso horario 20, que tiene como meridiano central el 60° de longitud oeste, lo que significa el adelanto de una hora en nuestro régimen horario.

Habitualmente se dice que mientras la mitad de la humanidad duerme la otra está despierta. No coincidimos con esa apreciación. Lo correcto es decir que mientras una mitad del planeta disfruta del día, en la otra se cierne la noche. Las razones estriban en las desigualdades de la distribución de la población mundial. No duermen la misma cantidad de personas cuando es de noche en la masa euroasiático-africana que cuando el negro velo cubre a América. Por ejemplo, a las cinco de la tarde en Cuba alrededor del 70 % de la humanidad reposa en un sueño reparador, mientras que cuando en nuestra isla es la una de la madrugada, un porcentaje similar de la población mundial realiza sus actividades diurnas.

La Línea Internacional de Cambio de Fecha, que sigue aproximadamente el recorrido del meridiano 180° determina el lugar donde comienza a contarse un nuevo día. Al oeste de dicha línea es un día y al este el día anterior. De manera que, si un avión sale de Nueva Zelanda un lunes por la mañana rumbo a Hawái, llegará a su destino el domingo en horas de la tarde, pues al pasar la línea de cambio de fecha habrá atrasado un día. Por eso podemos escuchar por la radio cubana un domingo, noticias que ocurrieron en Japón el lunes.

En este orden de cosas y tomando en cuenta las diferencias de horas y el cambio de fechas, es posible tomar en Los Ángeles (California) un avión un domingo a las 2:00 p.m., volar 11 h a pleno día y llegar a Tokio en horas de la tarde del lunes, perdiendo irreparablemente una noche que jamás se volverá a recuperar.

¿Cuál es la máxima diferencia horaria entre dos puntos del planeta?

En cierta ocasión un órgano de prensa nacional insertó la siguiente información referida a un torneo deportivo que tenía por sede a Tokio: "Los televidentes cubanos verán las imágenes en transmisiones diferidas, pues entre Cuba y Japón existen 14 h de diferencia".

¿Es posible que entre dos puntos, ciudades o países del planeta existan más de 12 h de diferencia?

El régimen horario del mundo está determinado por el sistema de husos horarios, aprobado oficialmente por la Cámara Internacional del Comercio, en 1918.

Al ser la duración del día terrestre de aproximadamente 24 h, en cualquier momento existen 24 h distintas en todo el planeta. Si se divide la circunferencia ecuatorial entre 24, se obtendrán otras tantas franjas, zonas o husos de 15° cada una (360° ÷ 24 = 15°), las cuales, siguiendo el sentido de los meridianos, se extienden de polo a polo, consignando, al menos teóricamente, una misma hora para todos los puntos ubicados en cada una de ellas. De manera tal, que, por ejemplo, Cuba, el este de Estados Unidos, Jamaica, Panamá o Colombia, ubicados en el huso horario número 19 que tiene por centro el meridiano 75° de longitud oeste, disfrutan del mismo régimen horario.

En síntesis, el sistema de husos horarios abarca un total de 24 para todo el planeta, numerados convencionalmente hacia el este a partir de aquel que tiene por centro el meridiano 15° de longitud este. El meridiano cero de Greenwich centra el huso horario número 24 y fija la hora universal. Al existir entre La Habana y Londres cinco husos horarios de diferencia, cuando en la primera son las 6:00 a.m., la hora UTC será 11:00 horas (esta última se fija a partir de las 0:00 horas —medianoche— y se cuenta hasta las 24:00 horas). Al avanzar hacia el este se suma una hora por cada huso horario, mientras que si el avance es hacia el oeste se resta una según el mismo procedimiento.

El máximo de horas de diferencia entre dos puntos del planeta no puede ser nunca superior a 12. ¿Es por tanto erróneo afirmar que entre Cuba y Japón existe una diferencia horaria de 14 h? En principio tal afirmación es inexacta y está dada por el sentido en que se obtiene la diferencia. Veamos: Cuba se rige por el huso horario no. 19 (centrado por el meridiano 75° de longitud oeste) y Japón por el no. 9 (correspondiente al meridiano 135° de longitud este). Si un cubano calcula qué hora será en Japón cuando su reloj marca las 12:00 meridiano, ¿qué hará?: sencillamente avanzará sobre un mapa de husos horarios hacia el este, sumando una hora por cada uno de ellos. El resultado será un incremento de 14 h, pues en ese sentido (hacia el este) existen 14 husos horarios entre ambos países (resultando que en tierras niponas serán las 2:00 de la madrugada del siguiente día). Sin embargo, si es un japonés el que hace el cálculo y su reloj marca las 12:00 meridiano, aplicará un procedimiento similar, es decir, avanzará hacia el este, pues en este caso la diferencia de husos horarios con Cuba será de 10 (14+10 = 24), pues irá del no. 9 al 19, resultando que en nuestro país en ese momento los relojes marcarán las 10:00 p.m. del día anterior (por ejemplo, 12:00 meridiano del lunes en Japón; 10:00 p.m. del domingo en Cuba).

Al realizarse los cálculos de diferencia horaria ascendentemente, un cubano diría que existen 14 h de diferencia horaria respecto a Japón, pero un japonés afirmaría que son solo 10 con respecto a Cuba.

La confusión se produce por el procedimiento aplicado al realizar los cálculos, teniendo tanta razón el cubano que afirma que son 14 h como el japonés que señala 10. Es decir, que para un mismo instante la diferencia horaria entre ambos países puede ser tomada de dos maneras diferentes en dependencia del lugar que ocupe el observador, resultando que ambos tendrían razón tomando en cuenta el punto de vista empleado. Y el promedio de tal diferencia en el caso que nos ocupa es de un total de 12 h (14+10 = 24 y 24÷2 = 12).

Banderas

Las banderas son insignias de tela que constituyen la más alta significación de nacionalidad y representación genuina de la patria y simbolizan la lealtad a esta (figura 9).

La casi totalidad de las banderas nacionales presentan forma rectangular, siendo excepciones las de Suiza y Ciudad del Vaticano (cuadradas) y la de Nepal (dos triángulos, uno sobre otro, unidos en la base izquierda). Esta última es la única que es más ancha que larga.

Las dimensiones oficiales de las banderas nacionales toman en cuenta las proporciones definidas en cada caso, de ancho a largo. De acuerdo con ello la proporción más abundante es de 2:3 (84 banderas), siguiéndole la de 1:2 (como la cubana, donde el largo representa dos veces el ancho y que poseen otras 42 banderas) y la de 3:5 (un total de 14). Las restantes muestran otras proporciones.

Fig. 9 Banderas de varios países adornan la célebre balsa Kon-Tiki que en 1947 atravesó, con seis osados tripulantes, el océano Pacífico desde Perú hasta Polinesia.

En cuanto a colores y según un estudio aplicado a 202 enseñas, el más utilizado es el rojo, tonalidad que poseen el 71,4 % de las banderas nacionales. Le siguen el blanco (68,8 %), el azul (50,9 %), el verde (44 %), el amarillo (40 %) y el negro (20,6 %). Por regiones los colores predominantes son los siguientes: América: blanco y azul; África: verde; Asia: blanco; Europa: rojo y Australia-Oceanía: azul y blanco.

La trilogía de colores más utilizada es la roja-azul-blanca, que está presente en más de una treintena de banderas nacionales, como ocurre con las cubana, paraguaya, rusa, chilena y francesa. El dúo de colores más frecuente es el rojo-blanco.

En relación con la estructura, 96 poseen barras horizontales, 39 barras verticales y ocho barras inclinadas. Cincuenta y cinco banderas poseen estrellas, 27, escudos, 20, cruces, 26, triángulos, 11, soles y círculos y 12, medialunas. Un total de 33 tienen insertadas diferentes alegorías (por ejemplo, como aves) y más de una decena, textos (Nicaragua, Brasil, Bolivia, etcétera).

Existen banderas que pueden alterarse, como es el caso de la norteamericana, que desde el pasado siglo ha agregado tantas estrellas como nuevos estados incorporados, lo que también ha ocurrido en la brasileña.

La bandera británica, de forma rectangular, con una cruz latina sobre la cual está adicionada la cruz de San Andrés (roja) y una cruz blanca en aspa sobre la cual aparece la cruz roja de San Patricio, todo ello sobre fondo azul, está presente en el recuadro superior izquierdo de las enseñas nacionales de Australia, Nueva Zelanda y Tuvalu, así como en la mayoría de los estandartes de sus posesiones actuales.

La estructura de las banderas de los países nórdicos (Finlandia, Suecia, Noruega, Dinamarca e Islandia) es la misma —son rectangulares y poseen una cruz que las corta en ángulo recto—, solo cambian las tonalidades de fondo y de la cruz. Esto último también ocurre con las de Cuba y Puerto Rico.

Atendiendo a su proporción, la bandera más larga con relación al ancho es la de Catar (11:28). Si todas las banderas del mundo se colocaran fielmente atendiendo a sus proporciones, esta sería la más larga de todas.

Tres banderas nacionales presentan anverso y reverso diferentes: Moldova (el águila del escudo que aparece en la franja vertical central mira hacia la izquierda en el anverso y hacia la derecha en el reverso para mantener la simetría entre ambos lados); Arabia Saudita (es de color verde, con una inscripción en árabe que expresa "No hay más Dios que Alá y Mahoma es su profeta" sobre una espada horizontal que cambia de posición entre el anverso y el reverso) y Paraguay (posee tres franjas horizontales y en la del centro, de color blanco, se insertan escudos diferentes entre ambos lados).

Monedas

En el mundo existen unas 70 denominaciones diferentes de unidades monetarias. Sin embargo, actualmente más del 50 % de las operaciones financieras se realizan por intermedio del dólar norteamericano, instaurado desde la Conferencia de Bretton Woods, en

1944, como la divisa capitalista oficial. De dicha cita surgió el sistema monetario de Bretton Woods, basado en relaciones estables de cambio de las monedas nacionales en sólida paridad con el patrón oro del dólar norteamericano (34 dólares la onza). El patrón oro puso fin al caos financiero existente y determinó en lo adelante los tipos fijos de cotización. Sin embargo, en 1971 y en pleno apogeo de la guerra de Vietnam, Washington se negó a seguir cambiando dólares por oro en las operaciones internacionales, tratando de evitar el deterioro de las reservas nacionales del codiciado metal que se invertían en dólares para costear la carrera armamentista. Este hecho marcó el inicio de las "cotizaciones flotantes" de las monedas nacionales frente al dólar, rompiéndose así el pilar básico de los acuerdos de Bretton Woods: la estabilidad del cambio de divisas.

De todas las monedas de plata acuñadas en la Edad Media, la más conocida fue el thaler, cuyos primeros ejemplares se acuñaron en Bohemia por Stephan van Schlick, en 1525. De la palabra *thaler,* modificada por el tiempo, proviene el nombre de dólar.

En la actualidad 32 estados tienen sus respectivas unidades monetarias denominadas dólar (dólar norteamericano, canadiense, de la Comunidad del Caribe, etcétera). La denominación franco la usan 23 estados (en su mayoría miembros de la Comunidad Financiera Africana). Diez países emplean el dinar (entre ellos Jordania, Túnez, Argelia, entre otros); nueve el peso (Cuba, Colombia, Uruguay, etcétera), cinco la libra (Reino Unido, Egipto, entre otros) y ocho la rupia (India, Indonesia, Pakistán o Seychelles), mientras que el chelín es la moneda de otras cuatro naciones y el rial, de cinco.

Existen monedas que no tienen unidades fraccionarias, en tanto otras presentan complejas fracciones, como en el Reino Unido, donde la libra esterlina se divide en 20 chelines y estos a su vez en 12 pences subdivididos en peniques (estos últimos pueden ser un *halfpenny* o medio penique o un *farthing,* que representa un cuarto de penique).

En el 2002 entró en circulación el euro como moneda oficial de los países que integran la Unión Europea, con una cara común que representa el mapa de sus integrantes, bordeado por las estrellas de la bandera de dicha integración. Hoy la denominación monetaria euro la emplean 17 de sus estados miembros, como: Francia, Alemania, Italia y España, así como varias naciones que sin integrar su membresía utilizaban unidades monetarias que desaparecieron, al estilo de Mónaco (usaba el franco francés), San Marino y Ciudad del Vaticano (usaban la lira italiana). También emplean el euro los Departamentos de Ultramar franceses de: Guadalupe, Guayana Francesa, Mayotte, Martinica y Reunión, además de las colectividades territoriales francesas de San Bartolomé, San Martín y San Pedro y Miquelón.

Antípodas, antecos y periecos

Es muy frecuente que se consideren como antípodas los habitantes del otro lado del mundo, sin entrar en especificaciones detalladas. Así, no es raro que se asuman como tales de los cubanos a vietnamitas, chinos o tailandeses, es decir, a individuos que pueblan territorios casi totalmente opuestos. Pero conviene precisar, desde el punto de vista conceptual, algunos detalles en tal sentido.

Antípodas son los lugares de la Tierra (y los habitantes que en ellos viven) situados exactamente en puntos diametralmente opuestos, es decir, con longitudes geográficas que se diferencian en 180º; de similar latitud o distancia medida en grados en relación con el Ecuador, pero en hemisferios diferentes. Entre los puntos antípodas las estaciones del año y el régimen horario están totalmente invertidos.

El punto antípoda de Cuba se encuentra enclavado al oeste de Australia, en pleno océano Índico. Por tanto, los cubanos no tienen habitantes antípodas, salvo que se consideren como tales aquellos que eventualmente tripulen embarcaciones que se desplacen por el área marítima mencionada.

Por otro lado, los antecos son los habitantes que viven en puntos situados en el mismo meridiano, a igual distancia del Ecuador, pero en hemisferios opuestos (poseen el mismo régimen horario y estaciones invertidas).

En el caso de los cubanos, tampoco tienen antecos, pues el área correspondiente se localiza en el hemisferio sur en una zona marítima al noroeste de Chile.

Por último, son periecos los habitantes de lugares que se encuentren sobre el mismo paralelo pero en hemisferios opuestos, diferenciados por 180° de longitud geográfica; con las mismas estaciones pero con régimen horario totalmente invertido. Los periecos de los cubanos ocupan un área asiática que incluye el este de Unión Myanmar, el norte de Laos y una pequeña porción del sur de China.

Si se estrecha el espacio para una localización más precisa, conviene apuntar que los periecos de los habaneros (es decir, aquellos habitantes que ocupan una posición geográfica similar a los que habitan la ciudad de La Habana pero en el hemisferio oriental) se localizan en Unión Myanmar, una nación del sur de Asia que hasta 1989 fue oficialmente conocida como Birmania.

No obstante, es bueno aclarar que aunque en los tres casos —con independencia de los hemisferios— las posiciones latitudinales son las mismas, los regímenes climáticos varían entre los puntos mencionados en dependencia de un gran grupo de factores. Por ejemplo, las diferencias de temperatura, precipitaciones, presión atmosférica o vientos entre La Habana y el espacio perieco que le corresponde en Unión Myanmar son ostensibles (este último es una nación continental sometida a la influencia anual de un claro régimen monzónico).

Los términos anteco y perieco son poco empleados, pero antípoda se usa con mayor frecuencia, aunque casi siempre con una interpretación poco precisa, pues muchos de los que lo emplean intentan hacer referencia a áreas geográficas relativas, pero no exactamente opuestas. A tenor con las consideraciones antes señaladas y en su sentido conceptual exacto ni vietnamitas ni chinos ni malayos, ni mucho menos japoneses o coreanos, son antípodas de los cubanos.

Para serlo deberían estar, en primer lugar, en el hemisferio sur y en segundo, coincidir exactamente con las coordenadas geográficas del espacio cubano que en tal sentido se comparen en el otro confín del planeta. En otras palabras, que se hallen en los puntos opuestos marcados por una línea que los enlace y pase por el centro mismo del planeta Tierra.

Tautopónimos y falsos amigos

Los tautopónimos son los nombres propios de lugares que en la denominación convencional en algún idioma, casi siempre proveniente de otro, repiten el accidente geográfico que designan, como ocurre por ejemplo con desierto de Sahara, pues la palabra "Sahara" procede de la transliteración del árabe a idiomas latinos o germánicos y significa precisamente desierto. De manera que, decir "desierto de Sahara" equivale a expresar "desierto de desierto".

Lo mismo ocurre con los lagos de Finlandia que terminan en *järvi,* pues esa palabra en finés significa lago, por lo que si se escribe o pronuncia lago de Oulujärvi se está expresando "lago del lago Oulu".

De la misma manera, golfo de Botnia sería traducido del sueco como "golfo del golfo" y el africano lago Chad como "lago lago". El lago estadounidense Michigan se traduce desde su lengua nativa originaria como: "lago gran lago" y, para no hacer más larga la lista, las islas Sjuoyane, en el septentrional archipiélago noruego de las Svalbard, pueden traducirse como "islas siete islas".

En cuanto a "falsos amigos", la expresión designa palabras de un idioma que se parecen por su escritura o pronunciación a otras de la lengua materna de quien las lee o escucha, pero con un significado diferente. En la geografía se dan varios casos de ese tipo, como son Cayo Hueso y cabo de Hornos.

Cayo Hueso es el más meridional de los islotes de la hilera que se extiende hacia el sur de la península de la Florida y tiene dos nombres: uno en español (Cayo Hueso) y otro en inglés (*Key West*), cuyos significados no tienen absolutamente nada que ver.

De origen coralino, posee un relieve tan llano que el punto más elevado apenas se eleva seis metros sobre el nivel del mar en una localidad denominada Solares Hill, donde se localiza el cementerio local. Su superficie es de 16,2 km^2 (unos cinco kilómetros de largo por tres de anchura máxima), por lo que cabe 44 veces en la provincia cubana de La Habana y de hecho, varias veces en muchos de sus municipios. Fue descubierto por los miembros de una expedición española comandada por Juan Ponce de León en 1521, encontrándose entonces y desde mucho tiempo atrás deshabitado debido a la carencia de agua potable y de tierras favorables para desarrollar cultivos.

El primer bautizo de la ínsula norteamericana en lengua europea fue realizado por los conquistadores españoles y según versión legendaria, se debió a que al llegar encontraron en diversos lugares de la superficie acumulaciones de huesos humanos, que presumiblemente eran testigos óseos de ancestrales combates entre comunidades aborígenes de la zona. Cuando los ingleses la ocuparon en 1821 y escucharon el nombre español de Cayo Hueso, lo asociaron por su parecido fonético a la pronunciación de *Key West* (que significa literalmente en inglés Cayo Oeste), pues lo oyeron como "*key-o-wesso*".

Todo el cayo está ocupado por la ciudad homónima, que es, por cierto, la más meridional de Estados Unidos y cuenta en la actualidad con una población de más de 32 000 residentes permanentes, cifra que al combinarse con la reducida extensión territorial, arroja una elevadísima densidad demográfica de 1 953 habitantes por kilómetro cuadrado.

A Cayo Hueso, que sobresale del mar a 166 kilómetros al norte-noreste de la ciudad de La Habana, se llega hoy por tres vías: la marítima, la aérea y la terrestre. Esta última puede parecer extraña tratándose de un territorio insular, pero se explica por el hecho de que gran parte de la cayería se encuentra unida entre sí y con el territorio continental de la península de la Florida, mediante carreteras trazadas, sobre lo que en Cuba se conoce como pedraplenes marítimos.

Muchas personas piensan que la isla de Hornos y el famoso cabo que se encuentra en su borde meridional, en los confines meridionales de Suramérica, deben su nombre al humo, quizás por asociación con la Tierra del Fuego, enorme archipiélago al que pertenece y que fue bautizado así por los españoles luego de que los expedicionarios de Fernando de Magallanes observaran en la isla principal, al transitar por el estrecho transoceánico que descubrieron, la presencia permanente de hogueras mantenidas por sus habitantes que desconocían el procedimiento para producir fuego.

Sin embargo, la citada isla de solo 19,3 km^2 de superficie, no fue bautizada por los ibéricos y mucho menos con el nombre actual.

Los primeros europeos en vislumbrar el abrupto relieve desolado y las costas tremendamente escarpadas de la isla de Hornos fueron marineros holandeses de la expedición de *Le Maire* y *Shouten* en 1616, los que la llamaron *Hoorn* en honor al pueblo natal del capitán, nombre que por cierto también llevaba uno de los dos barcos que desapareció devorado por un incendio antes de doblar el cabo. Fue después erróneamente castellanizado y traducido como "Hornos" debido a la aparente similitud fonética, para inscribirse en la literatura geográfica chilena, suramericana y mundial como un típico caso de "falsos amigos".

El cabo de Hornos es, por cierto, uno de los lugares más inhóspitos de la Tierra. Se trata de un saliente costero de 424 m de altura coronado por un faro que actualmente funciona de manera automática, en un sitio agreste, frío y casi siempre nublado y tormentoso.

Monarquías actuales

En el mundo perduran 43 regímenes no republicanos o monárquicos, en su mayor parte de tipo constitucional o parlamentario. De tipo absoluto, es decir, donde la administración es ejercida totalmente por el monarca, que se considera a sí mismo "investido por la gracia de Dios" y donde el poder no tiene más límites que los que él mismo se impone. Subsisten unas pocas, entre ellas las de Arabia Saudita y algunas del golfo Pérsico.

De acuerdo con las denominaciones, las monarquías actuales son las siguientes:

- Reinos (17): estando al frente de ellos una reina (Dinamarca) y 16 reyes: Arabia Saudita, Bahréin, Bélgica, Bután, Camboya, España, Esuatini, Jordania, Lesoto, Marruecos, Noruega, Países Bajos, Reino Unido de Gran Bretaña e Irlanda del Norte, Suecia, Tailandia y Tonga (figura 10).
- Imperios (1): Japón.
- Emiratos (3): Emiratos Árabes Unidos, Catar y Kuwait.
- Sultanatos (2): Brunei Darussalam y Omán.
- Principados (2): Liechtenstein y Mónaco.
- Coprincipados (1): Andorra.

- Gran Ducado (1): Luxemburgo.
- Monarquía electa (1): Malasia.
- Eclesiásticas (1): Ciudad del Vaticano.

Fig. 10 Islote coralino del archipiélago de Tonga, donde se localiza el reino homónimo, única monarquía de Oceanía.

Debe señalarse que Samoa constituye de manera oficial una monarquía constitucional independiente, aunque en realidad funciona desde 2007 como una república, pues la constitución de 1960, que tomó formalmente efecto después de la independencia del país, se basa en la democracia parlamentaria del Reino Unido, modificada para tener en cuenta los hábitos de los samoanos. Los dos grandes jefes samoanos desde la independencia se fueron designando conjuntamente para el cargo de jefe de estado. El anterior jefe de estado, Malietoa Tanumafili II, que falleció el 12 de mayo de 2007 a la edad de 94 años, ocupó este cargo desde la muerte del segundo gran jefe en 1963. Su sucesor Tuiatua Tupua Tamasese Efi fue designado por la legislatura para un mandato de cinco años, manteniendo el título real de O le Ao o le Malo, pero al limitarse los mandatos de la jefatura del estado a cinco años, Samoa se ha convertido, de facto, en una república.

De la misma manera, conviene apuntar que Andorra es un coprincipado parlamentario, donde la jefatura del Estado recae en el obispo de la localidad española de Seo de Urgel y el presidente francés, los cuales se hacen representar en ellos por personas designadas. En este caso, la particularidad especial radica en que los jefes de Estado no son "de sangre real" (hay fuentes que no consideran a Andorra como una monarquía).

Un total de 14 naciones se consideran además monarquías pues tienen como jefe nominal de Estado al monarca británico, que se hace representar en cada caso por un gobernador nombrado. Son los casos siguientes: Antigua y Barbuda, Australia, Bahamas, Belice, Canadá, Granada, Islas Salomón, Jamaica, Nueva Zelanda, Papúa Nueva Guinea, San Cristóbal y Nieves, Santa Lucía, San Vicente y las Granadinas y Tuvalu. Uno de los que integraba esa lista, Barbados, se convirtió en república en noviembre de 2021, en tanto otros, como Antigua y Barbuda o Australia, barajan similar opción.

El monarca más antiguo en el trono es el sultán Hassanal Bolkiah de Brunei, en el trono desde el 4 de octubre de 1967, mientras que el más joven en el puesto es el rey Carlos III del Reino Unido de Gran Bretaña e Irlanda del Norte, que asumió como tal el 9 de septiembre de 2022 tras el fallecimiento de su madre, la reina Isabel II, el día antes, después de 70 años de reinado.

Templos religiosos

El 2 de enero de 1494 Cristóbal Colón fundó al norte de la isla de La Española el primer poblado cristiano del Nuevo Mundo: La Isabela. Cuatro días después, el seis, en una capilla improvisada, el abate benedictino de origen catalán, Boil, oficiaba la primera misa católica de América.

Doce años después de ese acontecimiento, en 1506, se iniciaba en Roma la construcción de la que hasta finales de 1989 sería la mayor iglesia católica del mundo: San Pedro de Roma, hoy en el recinto urbano de Ciudad del Vaticano. La cúpula de esta iglesia mide 43 m de diámetro y su altura desde el piso al extremo de la cruz es de 137 m.

El 10 de septiembre de 1990, un año después de su terminación, el papa Juan Pablo II inauguró en Yamusukro, actual capital de Costa de Marfil, la basílica de Nuestra Señora de la Paz, construida con dinero aportado por la fortuna personal del entonces anciano presidente Houphouet Boigny, que desde ese momento es la más alta iglesia católica del mundo, en un país mayoritariamente musulmán. La colosal obra se construyó en tres años (1986-1989) por un ejército de casi 1 500 personas que trabajaron día y noche en turnos ininterrumpidos. He aquí algunos de sus datos: la cúpula consta de 7 000 piezas de acero galvanizado, el edificio es sostenido por 272 columnas e iluminado por 7 363 m^2 de vidrieras; en su interior caben 18 000 personas, de las cuales 8 000 en reclinatorios refrescados por aire acondicionado; la cruz que remata la cúpula alcanza 149 m de altura (12 más que la de San Pedro), de noche es iluminada por 1 810 bombillos situados alrededor de la basílica y en la gigantesca explanada que rodea todo el conjunto caben 300 000 personas. Todo ello en un país pobre, con una deuda externa valorada en el momento de la inauguración en casi 14 000 millones de dólares.

En otro orden de cosas, la iglesia cristiana más alta es la protestante Catedral de Ulm (Alemania), construida en el siglo XIV, cuya aguja se eleva hasta 160,90 m de altura.

La más famosa de las mezquitas musulmanas es Al Haram, en la ciudad saudita de La Meca, cuna y corazón del Islam. Cinco veces al día, millones de musulmanes de todo el mundo se vuelven hacia la ciudad santa, mientras recitan sus oraciones. Cada año millón y medio de creyentes de todos los confines del mundo del Islam visitan la gran mezquita, en cuyo patio interior se encuentra la Kaaba, que en una de sus paredes guarda la famosa "piedra negra", la reliquia más venerada de la religión musulmana. Dicho patio está rodeado por un pórtico sostenido por numerosas columnas, con 150 cúpulas y siete minaretes.

El mundo musulmán es rico en mezquitas, recintos religiosos que a diferencia de las iglesias cristianas, carecen de campanas. Hoy la más alta se encuentra en Casablanca, Marruecos, denominada Gran Mezquita de Hassan II (175,6 m de altura) inaugurada en 1989 a partir de un proyecto millonario auspiciado por el monarca marroquí.

La mayor de todas es la mezquita Shah Faisal, que se levanta cerca de Islamabad, Pakistán, cubriendo una superficie de 18,9 ha. Es capaz de albergar a 100 000 fieles en el área de oraciones y, en total, puede dar cabida, en el resto de las instalaciones, a cerca de 200 000 personas.

Las pagodas son los templos budistas y acogen en su interior las imágenes de las divinidades de dicha religión. La pagoda más alta (llamada Shwedagón) se encuentra en Yangón, capital de Unión Myanmar, con 99,3 m de altura.

Los edificios de culto del judaísmo se denominan sinagogas y existen en la actualidad más de 6 000 en Israel y unas 4 000 en Estados Unidos. En este último país y concretamente en Nueva York, se levanta la mayor de todas, llamada Emanúel, en la cual pueden acomodarse más de 3 000 personas al mismo tiempo.

Religiones más numerosas

Solo tres de las religiones se consideran universales, para lo cual se toma en cuenta el número de adeptos y la extensión geográfica por la que estos se desenvuelven. Son ellas el cristianismo (católicos, protestantes y ortodoxos), el islamismo (chiitas y sunnitas, fundamentalmente) y el budismo.

Los cristianos representan la tercera parte de la humanidad y su número se calcula en más de 2 300 millones, de ellos alrededor de 1 280 millones de católicos, de los cuales más de la mitad se encuentran en América, siendo Brasil el país con más seguidores; de 700 a 750 millones de protestantes, estando dos quintas partes de ellos concentrados también en el Nuevo Mundo, con la mayor comunidad en Estados Unidos y, en fin, unos 300 millones de ortodoxos, sobre todo en Europa oriental, suroriental y Rusia. En general los países con mayor número de cristianos son Estados Unidos con 236 millones, Brasil con 167 y Rusia con 125.

Los musulmanes suman más 1 250 millones, entre ellos sunnitas 1 100 millones y chiitas 130 millones. Se concentran abrumadoramente en África septentrional, Medio Oriente, Afganistán, Pakistán e Indonesia, este último con el mayor conglomerado mundial de seguidores del Corán, libro sagrado del Islam.

En cuanto a los budistas, se concentran esencialmente en Asia, desde India hasta el Lejano Oriente (incluido Japón) y suman unos 400 millones.

Otras religiones importantes son: el hinduismo (940 millones), el confucionismo, el sintoísmo y otras genuinamente asiáticas.

Se calcula que el 16 % de la humanidad (1 160 millones de personas) no practica religión alguna.

Tres ciudades del mundo sobresalen por su significado religioso, son: Ciudad del Vaticano, residencia del papa, cabeza visible del catolicismo mundial; La Meca, cuna y centro del Islam, que atesora los más sagrados motivos de fe musulmana y Jerusalén, tres veces santa por su historia y por los monumentos vinculados al cristianismo, al islamismo y al judaísmo que aún se conservan y glorifican.

En relación con La Meca es importante destacar que cada año y especialmente durante el mes Dhu'lHidya del calendario musulmán, más de un millón de peregrinos de todo el mundo islámico se dan cita en ella. Este acto, es decir, la peregrinación a La Meca (el Hayy) es uno de los cinco pilares del Islam que resumen las creencias y deberes esenciales de los creyentes (los otros son el Salat u oración diaria, la Shahada o profesión de fe, el Zakat o limosna y el Siyam o ayuno).

En el interior de la mezquita Al Haram de La Meca se encuentra un edificio de 15 m de alto por 12 de ancho, en forma de cubo, llamado Kaaba. La Kaaba es el sitio más sagrado de la religión islámica, cubierto permanentemente por un brocado negro (que se renueva cada año), en el cual se reproducen en oro inscripciones con versículos del Corán. En el ángulo oriental de la Kaaba, a 1,5 m del suelo, se haya incrustada la famosa "piedra negra" —trozo de lava rodeado de un círculo de plata— que se considera a su vez como la reliquia más sagrada y venerada de la religión mahometana, que según la tradición fue entregada por el arcángel Gabriel a Abraham. Al menos una vez en la vida cada musulmán debe realizar una peregrinación para visitar la ciudad santa y penetrar en la mezquita. Ya en su interior se realizan varios rituales, entre ellos dar siete vueltas a la Kaaba y besar la piedra negra cada vez que se pase ante ella.

Los hindúes consideran al Ganges como un río sagrado y a Benarés o Varanasi —una de las ciudades enclavadas en sus riberas— como el lugar donde cada creyente debe bañarse al menos una vez en la vida para purificar su alma. Esta ciudad es considerada el lugar más sagrado del mundo por los seguidores del hinduismo, en la que según la tradición, el gran dios Siva eligió su hogar terrenal.

Las religiones muchas veces entrañan prohibiciones de diversa índole a sus seguidores. Sirvan dos ejemplos: el hinduismo no permite el consumo de carne vacuna por el hombre, al considerarla sagrada, lo que ha hecho que India posea el mayor rebaño mundial de reses; el Islam prohíbe el consumo de carne de cerdos al considerarlos impuros y en muchos países musulmanes está terminantemente prohibida la ingestión de bebidas alcohólicas.

Turismo y hoteles

El turismo se ha convertido en la principal actividad económica mundial, en la cual se emplean más de 200 millones de trabajadores. El número de personas que hace turismo internacional crece sin cesar y pasó de 25 millones en 1950 a más de 1 460 millones en 2019.

En los últimos años Francia, Estados Unidos, la República Popular China, España e Italia han alcanzado la primacía turística del mundo como principales destinos. En el año 2019 los primeros fueron: Francia (90,2 millones de visitantes), España (82,7), Estados Unidos (79,6), China (62,9, sin contar los visitantes de las regiones especiales de Hong Kong y Macao que disponen de sus propias oficinas de estadísticas turísticas), Italia (62,1), Turquía (45,7), México (45,4), Alemania (38,8), Tailandia (38,2) y Reino Unido (36,2).

En el año 2019 las 10 ciudades más visitadas del mundo por concepto turístico fueron las siguientes (con la cantidad de visitantes en millones entre paréntesis): Bangkok, Tailandia (22,7), París, Francia (19,1), Londres, Reino Unido (19,0), Dubái, Emiratos Árabes Unidos (15,9), Singapur (14,6), Kuala Lumpur, Malasia (13,7), Nueva York, Estados Unidos (13,6), Estambul, Turquía (13,4), Tokio, Japón (12,9) y el balneario turco de Antalya, en el Mar Mediterráneo (12,4).

El área del Caribe, considerada como el principal destino de sol del mundo, recibe actualmente más de 25 millones de visitantes anuales, casi la tercera parte de ellos en la modalidad de cruceros. El balneario mexicano de Cancún y, en general, la llamada Riviera Maya (que se extiende desde Cancún hasta las ruinas mayas de Tulum con 120 km continuos de hermosas playas) es la principal plaza caribeña, mientras que por países (2019) los cinco primeros del área insular fueron República Dominicana, Cuba, Puerto Rico, Jamaica y Bahamas.

En Cuba se amplían las capacidades de alojamiento (72 965 habitaciones a mediados de 2019 frente a 12 900 en 1990) con el objetivo de incrementar la recepción de visitantes, que ya en 2018 rebasaron los 4,7 millones (la barrera de los cuatro millones de turistas extranjeros se había alcanzado por primera vez en 2016), que colocó al país como el segundo destino antillano después de República Dominicana, el sexto de América Latina y el Caribe, el octavo de las Américas y el 54 a nivel mundial (en 2019 Cuba recibió algo más de 4,2 millones de visitantes foráneos, pero en 2020 y 2021 las cifras se redujeron, como consecuencia de los estragos de la Covid-19 (1 086 000, en 2020 y solo 356 000, en 2021) (figura 11).

Fig. 11 Detalle de la plaza de San Francisco de Asís en La Habana Vieja. La Habana y Varadero son los más importantes polos cubanos de desarrollo de un pujante turismo internacional en plena expansión.

Alemania y Estados Unidos ocupan los primeros puestos como países emisores de turistas (el primero de ellos con unos 30 millones de personas anualmente).

En la infraestructura necesaria para el turismo los hoteles ocupan un lugar de primer orden.

El hotel de más capacidad a inicios de la segunda década del siglo XXI era el MGM Gran Hotel de Las Vegas, Estados Unidos, con un total de 5 009 habitaciones en sus cuatro torres de 30 pisos, capaces de alojar al mismo tiempo a casi 10 000 huéspedes.

El hotel más alto es actualmente el J. W. Marriott Marquis Hotel, de Dubái, Emiratos Árabes Unidos, con 355 m, que desplazó al Rose Rayhaan by Rotana de la propia ciudad (este se eleva hasta los 333 m).

El mayor vestíbulo lo poseía el Hyatt Regency de San Francisco, Estados Unidos, con 106,6 m de largo, 48,7 de ancho y 51,8 de altura.

Sin embargo, se considera como el más grande de los hoteles el Excalibur Casino de Las Vegas, Nevada, Estados Unidos, construido sobre un terreno de 47,3 ha (más grande que el territorio de Ciudad del Vaticano). Cuenta con 4 032 habitaciones de lujo y una plantilla de poco más de 4 000 trabajadores.

Se destacan además el Hilton de Las Vegas, con 3 174 habitaciones, 12 restaurantes y una plantilla de 3 600 empleados, así como el Waldorf Astoria de Nueva York, con 47 plantas, 1 852 habitaciones y una factura anual por consumo de electricidad de más de dos millones de dólares.

A modo de comparación expondremos algunos datos del hotel Habana Libre Tryp, uno de los mayores edificios de la capital cubana: su altura es de 124,55 m, dispone de 534 habitaciones y es atendido por una plantilla de unos 1 000 trabajadores.

Los hoteles se clasifican con estrellas, generalmente de una a cinco, las cuales reflejan el confort que tales instalaciones brindan a sus huéspedes. Entre 1994 y 1999 se concluyó en Dubái, Emiratos Árabes Unidos, un súper hotel de lujo calificado por sus patrocinadores como de siete estrellas, denominado Burj al Arab Hotel (es decir, Hotel de los Árabes), con una forma peculiar y distintiva inspirada en una vela marítima. Este coloso se edificó sobre una isla artificial en aguas del golfo Pérsico unida por una carretera a la playa en un trayecto de 270 m, de manera que su sombra no cubra el área de baño y esparcimiento. Tiene 321 m de altura, 56 plantas, 18 ascensores y nueve restaurantes (uno de ellos bajo el mar y otro a 200 m de altura desde el cual se aprecia una excelente vista panorámica de la ciudad). Posee 202 suites cuyos precios por noche oscilan entre 2 500 y 40 000 dólares estadounidenses, aunque la llamada Suite Real cuesta casi 140 000. En su plantilla laboran personas de más de 80 países, las que cumplen un riguroso proceso de selección para atender a los huéspedes con profesionalidad en su idioma natal.

La mayor cadena hotelera del mundo es la Holiday, norteamericana, a la que pertenecen 1 685 hoteles y 318 000 camas. Son también muy poderosas la Sheraton (489 hoteles) y la Hilton (270), ambas igualmente de Estados Unidos.

En relación con los parques de atracciones, el mayor y más visitado es el Walt Disney World's Magic Kingdom (Reino Mágico Mundial) de Orlando, Estados Unidos, que ocupa una superficie de 11 332 ha en el estado de la Florida, visitado anualmente por unos 17 millones de personas, seguido por su similar californiano de Anaheim, Estados Unidos, con más de 14 millones de visitas.

Según una encuesta de la revista *Forbes*, realizada en 2007, los 10 sitios más visitados del mundo fueron, en orden descendente, los siguientes: Times Square de Nueva York, Parque Memorial Nacional de Washington, el Reino Mágico Mundial de Orlando (los tres en Estados Unidos), Trafalgar Square (Londres, Reino Unido), parque de diversiones Disneylandia de Anaheim (Estados Unidos), Cataratas del Niágara (Estados Unidos-Canadá), puente Golden Gate de la ciudad californiana de San Francisco (Estados Unidos), parque de diversiones Disneylandia de Tokio (Japón), Catedral de Nuestra Señora de París y parque de diversiones Disneylandia de París (los dos últimos en Francia).

Bibliotecas

Esta breve geografía de las bibliotecas tomará en cuenta aquellas que poseen como mínimo más de tres millones de volúmenes.

A mediados de la primera década del presente siglo la mayor biblioteca nacional seguía siendo la rusa Gosudorstvennaya Ordena Lenina de Moscú, que atesoraba más de 29 millones de volúmenes, siguiéndole la Biblioteca del Congreso de Washington D.C., Estados Unidos, con unos 20 millones de ejemplares.

La Biblioteca Nacional de París y la Biblioteca Nacional de China en Beijing, tienen cada una alrededor de 10 millones de títulos, seguidas por la Biblioteca Británica de Londres con más de 8,7 millones.

La mayor biblioteca universitaria es la Harvard, en Massachusetts, Estados Unidos, con más de 10 millones de volúmenes, seguida por la de la Universidad de Nueva Haven (Connecticut, Estados Unidos), con 7,5 millones y la Gorki de la Universidad Estatal Lomonosov de Moscú, con seis millones.

Entre las universitarias ocupan también puestos cimeros las británicas de Oxford (4,5 millones de títulos) y de Cambridge (3,5 millones), así como la parisina de La Sorbona, con tres millones.

Otras muy importantes son la alemana Bayerische Staats de Múnich (4,7 millones de ejemplares), la Biblioteca de la Dieta Nacional de Tokio (3,7 millones) y la Biblioteca Nacional de Río de Janeiro, que con más de 3,5 millones de títulos es la mayor del Tercer Mundo.

Los países subdesarrollados que poseen al menos una biblioteca con más de un millón de volúmenes son —además de Brasil— Argentina, Egipto, India y la República Democrática del Congo.

Organismos y organizaciones internacionales

La más numerosa organización internacional es el Comité Olímpico Internacional (COI), que en julio de 2022 contaba con 205 miembros. Tres de sus federaciones internacionales —las de baloncesto, atletismo y fútbol— contaban en ese año con 215, 214 y 211 países afiliados, respectivamente.

Por su parte, la Onu contaba en julio de 2022 con 193 integrantes (43 europeos, 35 americanos, 47 asiáticos, 54 africanos y 14 de Australia-Oceanía). Solo un estado soberano con reconocimiento internacional no es miembro de este importante organismo, cuya sede se encuentra en Nueva York en un soberbio edificio de acero y cristal de 39 pisos: Ciudad del Vaticano, que ostenta el estatuto de estado no miembro observador, al igual que la Autoridad Nacional Palestina y la Soberana Orden Militar de Malta.

La mayor entidad política es la Mancomunidad de Naciones (Commonwealth, antes Comunidad Británica de Naciones), asociación voluntaria de 52 estados, además de varias dependencias con la corona británica, que cubre un área conjunta de más de 30 millones de km^2 y que cuenta con más de 2 300 millones de habitantes.

Entre las organizaciones políticas continentales la Unión Africana (antes Organización para la Unidad Africana), con 54 miembros, es la más numerosa y tiene su sede permanente en Addis Abeba, capital etíope.

En relación con las integraciones económicas, sobresale la Unión Europea, que mediados de 2022 contaba con 27 miembros tras la retirada oficial del Reino Unido después de los acuerdos del Brexit, los cuales en conjunto generaban más del 40 % del comercio internacional.

La Organización del Tratado del Atlántico Norte (OTAN) es la más poderosa de las organizaciones militares y fue fundada en 1949. Su sede permanente radica en Bruselas, capital de Bélgica. En enero de 2022 contaba con 30 miembros, de ellos 12 fundadores, bajo el liderazgo de Estados Unidos.

Eventos y reuniones ocasionales

La mayor reunión de jefes de estado y gobierno de la historia se produjo durante el cincuentenario de la Onu en Nueva York en 1995, cita a la que acudieron más de 150 mandatarios de otras tantas naciones del mundo.

Las honras fúnebres más concurridas de la historia se celebraron en Tokio en 1989, a raíz de la muerte del Emperador Hiroito, cuando representantes oficiales de 163 naciones del mundo asistieron a la luctuosa ceremonia, superando así los concurrentes a las exequias del expresidente yugoslavo Josip Broz (Tito), realizadas en Belgrado en 1980.

La isla fluvial de La Cartuja, en un punto del cauce del río Guadalquivir a su paso por la ciudad española de Sevilla, sirvió de escenario a la Exposición Universal de 1992, dedicada a conmemorar el 500 aniversario del descubrimiento de América por los europeos (encuentro de dos culturas), considerado como el mayor espectáculo montado por el hombre en la historia de la humanidad. La Expo 92' de la ciudad andaluza contó con la presencia de más de 110 países y una veintena de empresas internacionales expositoras, mostró más de 50 000 espectáculos y fue visitada por más de 15 millones de personas, entre el 20 de abril y el 12 de octubre de 1992. En sus modernos recintos se apreció lo mejor de la historia, la cultura y las contribuciones humanas en los últimos cinco siglos, a la vez que uno de sus pabellones estuvo dedicado al futuro, en el cual se expusieron los grandes descubrimientos que se avecinan, incluida la conquista y exploración del universo.

El 5 de julio de 1983 el telón del Teatro de la Ópera de Viena fue alzado 83 veces para que el tenor español Plácido Domingo, reclamado por el público, subiera a saludar la escena. Los espectadores lo aplaudieron durante una hora y 30 minutos, después de escuchar su interpretación como protagonista de *La Bohemia*, de Puccini. Jamás un grupo humano había dado tantas palmadas.

Entre los espectáculos circenses uno de los mayores es el del circo norteamericano Ringling Brothers and Barnum & Bailey, que desde 1956 prescindió de las carpas y se presenta en los modernos estadios deportivos cerrados de ciudades de Estados Unidos y Canadá, disfrutado anualmente por millones de espectadores.

Productos y sus productores

Casi todas las personas tienen una idea más o menos clara de los países donde se originan producciones de artículos como: autos, maquinarias industriales o agrícolas, fertilizantes, petróleo, caña de azúcar y muchas más. Son productos de alta demanda que satisfacen las necesidades de la economía y la sociedad.

En otros múltiples casos sucede lo contrario, incluso con algunos productos que se tornan cotidianos al menos en una época del año.

A la pregunta de qué países encabezan las producciones mundiales de yuca, mangos, aguacates, guayabas o piñas, las respuestas no deben ser mayoritariamente correctas.

Es por ello que se presentan algunos ejemplos de este tipo, destacando en cada caso los países que obtienen los mayores volúmenes respectivos de producción promedio anual para la etapa comprendida entre 2012 y 2019.

Entre los agrícolas, los principales productores de yuca o mandioca son: Nigeria, Brasil y Tailandia; de pimienta: Vietnam, Indonesia e India; de aguacates: México, Indonesia y República Dominicana y de mangos: India, China y Tailandia (México es el primer exportador mundial de mangos).

En la producción de piñas aparecen: Costa Rica, Brasil y Filipinas; en la de mandarinas: China, España y Brasil; en la de plátanos: India, Uganda y China y en la de caucho natural: China, México y Vietnam.

Las mayores producciones de cacao las logran: Costa de Marfil, Ghana e Indonesia; de papayas: India, Brasil e Indonesia; de garbanzos: India, Turquía y Pakistán; de fresas: Estados Unidos, Polonia y Japón y de almendras: Estados Unidos, España y Australia.

Los que más televisores producen son: Japón, Estados Unidos y Corea del Sur, mientras que en el caso de papel y cartón aparecen: Estados Unidos, China y Japón (en cuanto a papel para periódicos la lista es encabezada por Canadá, Estados Unidos y Japón).

En lo referido a la elaboración de prótesis dentales, la mayor producción la logra el pequeño principado europeo de Liechtenstein, que ha convertido esta especialidad en una importante fuente de divisas. En su ciudad más populosa, Schaan, que rondaba los 6 000 habitantes en 2020, radica la sede mundial de Ivoclar Vivadent AG, la mayor entidad fabricante de dentaduras postizas del mundo.

Muchos son los que piensan en Israel como uno de los grandes productores mundiales de cítricos, sin embargo, solo aparece entre los 10 primeros en la producción de toronjas (quinto puesto, detrás de Estados Unidos, China, Sudáfrica y México). Los grandes países citrícolas, que incluyen además de toronjas y mandarinas las producciones de naranjas y limones, son: Brasil, Estados Unidos, China, España, México, India, Irán, Egipto e Italia. La confusión en el caso israelí muy posiblemente radica en el hecho de que sus rendimientos sí aparecen entre los primeros del mundo.

Sudáfrica, por su parte, es la nación del planeta de mayor riqueza mineral no combustible y encabeza la producción mundial de platino (obtiene el 75 % de la extracción mundial), cromo (51 %), vanadio y manganeso, en tanto ocupa uno de los tres primeros puestos en los casos del oro, titanio, manganeso y antimonio.

El caro oro negro

El petróleo ha devenido en uno de los recursos más costosos e importantes del mundo contemporáneo, siendo a la vez de los peores distribuidos en el planeta.

La región del Medio Oriente atesora el 62 % de las reservas mundiales convencionales de petróleo crudo y uno solo de sus países, Arabia Saudita, el 20,2 %, por lo que de cada cinco barriles en el subsuelo mundial, uno está precisamente en el reino saudí, donde se encuentra el mayor de los yacimientos del llamado "oro negro": el de Ghawar, que mide nada menos que 240 por 35 km (resulta importante destacar que además de los tres tipos básicos convencionales de petróleo crudo que clasifica el American Petroleum Institute —ligeros, medios y pesados— existe un cuarto tipo conocido como bitúmenes o petróleo extrapesado, cargado de impurezas, del cual son exponentes los yacimientos de Athabasca en Canadá y de la faja petrolífera del Orinoco en Venezuela; este último país, al unir sus reservas convencionales con las extrapesadas no convencionales, se autodeclara como el país de mayores reservas de hidrocarburos en el planeta).

Aunque 131 países reportaron producción de petróleo en el año 2017, solo 15 lo hicieron por encima de los 100 millones de tm anuales y solo 23 sobrepasaron los 30 millones en similar período.

En el año de referencia Arabia Saudita, Estados Unidos y Rusia, los tres primeros productores, se repartieron el 36,4 % de la producción mundial. Completaron la lista de los 10 primeros productores: la República Popular China, Canadá, Irán, Irak, México, Kuwait y Emiratos Árabes Unidos.

Algunas fuentes especializadas consideraron prematuramente que el pico de la producción mundial de crudos se alcanzaría en 2008 (cuando se produjeron 4 111,5 millones de tm), augurándose un descenso futuro continuo de la extracción, pero la realidad fue otra, pues en 2011 y 2012 tal cota productiva se superó (4 178,8 y 4 307,6 millones de tm respectivamente, en tanto en 2016 se obtuvieron 4 482 millones de tm).

El Medio Oriente exporta casi la mitad de los crudos que entran en la esfera de la circulación internacional y Arabia Saudita es el indiscutido primer exportador. El petróleo, a diferencia del carbón, es objeto de un intenso tráfico internacional y el grueso de su producción se consume a más de 1 000 km de los centros de extracción.

Europa occidental, Estados Unidos y Japón importan más del 70 % del petróleo comercializado, acaparando el segundo una cuarta parte de las compras realizadas a nivel mundial.

Ningún producto elevó en tan corto tiempo su precio como el petróleo. Si a inicios de la década de 1961-1970, el barril se vendía a poco menos de 1,50 dólares, en 1979 llegó a cotizarse a más de 40 dólares en el mercado libre de Rotterdam, cota que ha sido varias veces superada, incluso por encima de los 100 dólares, en años recientes. Precios inalcanzables para el Tercer Mundo y respetables para la inmensa mayoría de los países de la Tierra.

Los años setenta del pasado siglo y a raíz del cierre del Canal de Suez, fueron escenario del surgimiento, crecimiento y consolidación de una impresionante flota de supercargueros gigantescos, la mayoría de los cuales se desguazaron o pasaron a otros usos una década después. Entre ellos sobresalía el Seawise Giant abanderado en Liberia, pero construido en Japón en 1979, con un peso muerto de 564 763 tm y una velocidad de desplazamiento de 15 nudos. Su eslora era de 360 m, su manga de 62 y el calado de 28 (lo que le impedía, por ejemplo, cruzar importantes estrechos —como el de Singapur— o canales artificiales como el de Suez o Panamá y que requería de aguas muy profundas para atracar).

Actualmente una tercera parte del petróleo extraído se obtiene de yacimientos submarinos, modalidad que garantiza la casi totalidad de la producción de países como Noruega.

El arroz: generosa gramínea

El arroz se cultiva en India y China desde hace 7 000 años y constituye en la actualidad el alimento fundamental con el que se nutren 2 000 millones de habitantes del planeta, en tanto para otros 400 millones supone entre 25 y 50 % de la dieta diaria (figura 12). Se trata de un cultivo de zonas cálidas por excelencia, que requiere de mucha atención y cuidados, y que encuentra condiciones ideales de desarrollo en llanuras aluviales y lacustres y deltas de ríos, como en el Asia monzónica, donde las condiciones naturales son excepcionales.

Fig. 12 Arrozal en plena maduración bajo un cielo de tormenta en Nepal. El arroz es el componente básico de la dieta de millones de personas en el este, sureste y sur de Asia.

Precisamente, el 90 % de las tierras dedicadas al cultivo del arroz en el mundo se localizan en el sur, sureste y este asiático, siendo India la nación que le dedica mayor superficie: unos 40 millones de ha (28 % del total mundial). Sin embargo, el principal productor y consumidor es la República Popular China, que obtiene alrededor del 30 % de la producción mundial (China e India producen, conjuntamente, alrededor del 54 % de la producción mundial para abastecer las demandas de una población que sumada representa casi dos quintas partes de la humanidad).

Entre los 10 primeros productores, que se reparten el 89 % de la cosecha, solo uno (Brasil) no es asiático. Aparecen en esa exclusiva relación, además de China, India y Brasil, los siguientes países: Indonesia, Bangladesh, Vietnam, Tailandia, Unión Myanmar, Filipinas y Japón.

A diferencia de otros cereales como el trigo, el arroz no es objeto de un gran movimiento comercial a causa del gran consumo interno de sus grandes productores, que son a la vez, los grandes consumidores (más del 80 % de las cosechas se consumen en el mismo país donde se producen). Los principales exportadores son Tailandia, Unión Myanmar y Camboya, en tanto Japón, Indonesia y Malasia encabezan la lista de los compradores internacionales.

El paisaje agrario más artificial del mundo está vinculado al cultivo del arroz. Se trata de los arrozales abancalados de Banaue, en las montañas septentrionales de la isla filipina de Luzón. Extensos muros de contención, que extendiéndose medirían más de 22 000 km de longitud, han posibilitado la existencia de incontables terrazas talladas en las laderas, obra de siglos de la numerosa tribu Ifugao. Filipinas produce más de 10 millones de toneladas anuales del preciado cereal.

Los mejores rendimientos arroceros los obtiene Australia, con unos 6 800 kg/ha, sin ser uno de los grandes productores. Logran también rendimientos muy elevados países como: Japón, República Popular Democrática de Corea, Corea del Sur y España.

En muchos países asiáticos la siembra y recolección de arroz constituyen verdaderas actividades rituales de la población.

Transporte ferroviario

El transporte ferroviario se cuenta entre los más importantes a nivel mundial, tanto por su papel en el traslado de cargas voluminosas y pesadas, como por el movimiento continuo de significativos contingentes de viajeros que garantiza.

La mayor red ferroviaria del mundo, con más de 300 000 km de vías, la posee Estados Unidos, país donde se encuentra además la mayor estación ferroviaria: la Gran Central Terminal de Nueva York, que ocupa una superficie de 19 ha con dos niveles de vías (41 en el piso superior y 26 en el inferior) y presta servicio diario a más de 550 trenes y 200 000 pasajeros.

La estación ferroviaria más concurrida es la Claphan Junction de Londres, con un promedio de más de 2 200 trenes cada 24 horas, en tanto la más elevada es la del Cóndor en Bolivia, a 4 786 m de altitud en la línea de Río Mulato a Potosí.

La línea férrea más elevada se encuentra en Perú, enlaza a Lima y Oroya, y se considera como un gran éxito técnico, pues a través de tramos con cremalleras y túneles en espiral, sus locomotoras elevan los convoyes hasta 4 829 m de altitud.

En Kharagpur, al suroeste de Calcuta, India, se encuentra el andén ferroviario más largo, con una longitud de 833 m.

Como se reseñó en el epígrafe "Túneles", el ferrocarril más extenso es el japonés Seikan (53,9 km), que a 100 m bajo el lecho marino une a las islas de Honshu y Hokkaido. Pero el que posee el tramo más largo bajo el agua es el Eurotúnel, que bajo el lecho marino del Paso de Calais une a Francia con Gran Bretaña con una longitud total de unos 50 km, de los cuales la sección bajo el agua mide 37 km, algo mayor que la de Seikan (a pesar de que este es más largo en términos absolutos, pues varios kilómetros están perforados bajo tierra en las islas que enlaza).

Un túnel espectacular, con características parecidas a los dos anteriores, está proyectado bajo el estrecho de Gibraltar, entre Punta Paloma, España y Punta Malabata (cerca de Tánger, Marruecos), con una longitud de boca a boca de 38,7 km, de los que 27,7 estarán bajo el mar.

La vía férrea más larga es la del Ferrocarril Transiberiano, desde Moscú a Nakhodka (cerca de Vladivostok, Extremo Oriente de Rusia), en un trayecto de 9 259 km y que se recorre en no menos de ocho días, con paradas en 92 ciudades y pueblos rusos. Sin embargo, la ruta ferroviaria más larga del mundo es recorrida por el tren chino Yinxion, conformado con más de 80 vagones e inaugurada a finales de noviembre de 2014, con un recorrido que enlaza la ciudad de Yiwu (a 300 km al sur de Shanghái) con Madrid a través de Kazajistán, Rusia, Bielorrusia, Polonia, Alemania y Francia, sobre una distancia de casi 10 000 km (la distancia de La Habana a Moscú, a modo de comparación, es de 9 550 km).

La recta ferroviaria más larga es un tramo de la línea de la Commonwealth Railways Trans-Australian, tendida sobre la llanura de Nullarbor, desde la milla 496 hasta la 793 (478 km de línea completamente recta).

La red ferroviaria más activa es la East Japan Railway Company (Japón), que transporta más de 16 millones de pasajeros por día.

Casi dos centenares de importantes ciudades del mundo (191 a inicios de 2017) cuentan con los servicios de los llamados trenes metropolitanos, conocidos abreviadamente como metros, ingenios mecánicos que contribuyen notablemente a descongestionar el tráfico y acelerar el traslado de pasajeros. El primero de ellos se inauguró en Londres, en 1860 siguiéndole los de Nueva York (1870), Chicago (1885) y Budapest (1890). La primera ciudad del Tercer Mundo que contó con este eficaz medio de transporte urbano fue Buenos Aires (1915).

Actualmente los países que poseen más ciudades con servicios de metros son los siguientes: Alemania (21), China (16), Estados Unidos (15), España (12) y Japón (10). En América Latina el país con más trenes de ese tipo es Brasil, en nueve ciudades en total. Por regiones geográficas sobresale Europa, donde 24 países poseen al menos una ciudad con metro.

Entre los metros que no son absolutamente subterráneos sobresale el monocarril de Miami (terminado en 1984), que funciona totalmente sobre elevados.

Los más extensos, por su parte, son los de Londres (408 km de ramales), Nueva York (398), Moscú (250) y París (199). En cuanto al número de estaciones la lista de los primeros es la siguiente: Nueva York, 469; París, 367; Londres, 273 y Rhin-Ruhr, 167.

El sistema de metro más extenso y activo es el de Londres, por el cual se mueven 570 trenes y más de 4 000 vagones. El más concurrido y a la vez más hermoso es el de Moscú, en cuyas 150 estaciones se mueven anualmente más de 3 300 millones de pasajeros. Mientras tanto, la estación de metro más profunda es la Arsenalnaya de Kiev, Ucrania, a 105,5 m debajo de la superficie, terminada en 1960 y profundizada ante la necesidad de que la vía pudiera cruzar por debajo del río Dniéper.

Pasos y cruces marítimos

El transporte marítimo tiene un gran peso en el comercio mundial dada su enorme capacidad de carga a largas distancias, alta seguridad y costos de transportación relativamente bajos. Es el transporte de carga internacional por excelencia y traslada mercancías de todo tipo y a todas partes, garantizando el 95 % de todas las transportadas en el mundo, de las cuales el 60 % corresponde al tráfico de petróleo y minerales.

El grueso de las rutas marítimas discurre por las aguas abiertas de los océanos, mares y golfos. Sin embargo, en ciertos puntos deben atravesar pasos o estrechos naturales a veces bastante angostos, así como canales artificiales que son resultado de extraordinarias obras ingenieras.

De toda la infinidad de estrechos y canales marítimos del mundo solo unos 250 se utilizan para la navegación internacional, aunque apenas unos pocos suelen ser considerados como internacionales, con independencia de que sean cortados o no por aguas territoriales, pues el cruce de barcos por ellos está amparado por disposiciones legales de derecho universal. Entre los que no son cortados por aguas territoriales de estados limítrofes pueden mencionarse el canal de Mozambique, así como el canal de la Mancha y los estrechos de la Florida y de Drake; en el caso opuesto son buenos ejemplos los estrechos de Gibraltar, de Malaca, de Ormuz y de Bab-el-Mandeb.

Entre los canales, pasos y estrechos de navegación el canal de la Mancha sigue reteniendo el movimiento de buques más intenso del mundo. Esta vía natural une el golfo de Vizcaya con el mar del Norte y se abre entre el sur de la isla de Gran Bretaña y la costa norte francesa, a lo largo de 560 km que incluye en su extremo oriental su porción más angosta con 34 km de costa a costa: el Paso de Calais, bajo el cual fue inaugurado el Eurotúnel en 1994. El ancho máximo en su entrada occidental llega a alcanzar 250 km, con una profundidad media general de 54 m. Numerosas ciudades costeras se levantan en sus riberas, muchas de ellas activos puertos, como las inglesas Portsmouth, Southampton y Plymouth, y las francesas Le Havre y Calais. Más de 500 barcos pasan por esta importante vía cada día en ambos sentidos, con una cifra anual que ronda los 200 000 cruces.

El estrecho de Gibraltar es, al igual que el anterior, una antiquísima vía de navegación que fue conocida en la edad antigua como "Columnas de Hércules", atravesado en sus rutas comerciales por los navegantes fenicios. Se abre entre España y Marruecos y es la única conexión entre el océano Atlántico y el mar Mediterráneo; a la vez que el único sitio acuático que separa a Europa de África, punto de encuentro de las placas euroasiática y africana. Aunque se inicia al oeste a lo largo de una línea imaginaria que une la punta de Tarifa en España con el cabo Espartel en Marruecos, su menor anchura se encuentra entre la punta española de Oliveros y la punta Cires marroquí, en un tramo de 14,4 km. Se trata de uno de los pasos más importantes, estratégicos y transitados del planeta, con un promedio de más de 82 000 buques oceánicos cada año (unos 225 por día).

El estrecho de Ormuz, con forma de herradura abierta hacia el sur, es la entrada marítima al golfo Pérsico en el Medio Oriente y está rodeado por ocho países: Arabia Saudita, Irán, Irak, Kuwait, Emiratos Árabes Unidos, Omán, Catar y Bahréin, de los cuales varios son importantes productores de petróleo. Con una profundidad media de 80 m y una anchura que oscila entre 55 y 95 km, se abre entre Irán al norte y el exclave de Musandam perteneciente a Omán al sur. Su relevante importancia estratégica está dada por el hecho muy significativo de que por sus aguas pasa sobre buques tanqueros de diferente porte alrededor del 20 % del petróleo consumido en el mundo y el 35 % del que se comercializa.

Otro de los grandes pasos marítimos es el estrecho de Malaca, en el sureste asiático. Es un extenso corredor de unos 800 km de largo entre la costa occidental de la península de Malaca y la isla indonesia de Sumatra, con una disposición geográfica general de noroeste a sureste. Su anchura oscila, en la mayor parte del trayecto, entre 50 y 320 km, aunque en las inmediaciones de Singapur, en el estrecho de Philips, se hace muy angosto con una abertura de costa a costa de apenas 2,8 km, lo cual lo convierte en uno de los estrangulamientos de tráfico marítimo más espectaculares. Es uno de los principales pasos acuáticos que comunica los océanos Pacífico e Índico y ostenta una singular relevancia estratégica, ya que por sus aguas pasa una cuarta parte del comercio mundial de mercancías y del petróleo transportado por mar proveniente en lo esencial del golfo Pérsico hacia varios de los grandes consumidores e importadores como China, Japón y Corea del Sur (se calcula que cada día se mueven por él 2,4 millones de m^3 de crudos, equivalente a más de 15 millones de barriles). El número promedio de barcos que lo cruzan es de 150 por día y más de 50 000 al año. Su principal debilidad es, que es solo medianamente profundo —unos 25 m de profundidad como máximo—, lo que provoca que los grandes supertanqueros de calado superior a esa cota cuando están cargados no puedan atravesarlo y deban utilizar entonces una vía alternativa, como la que emplea los estrechos de Lombok en las Pequeñas Islas de la Sonda, de Makasar entre la isla indonesia de Sulawesi y varias del mar de Bali y el de Mindoro, entre la isla homónima filipina y varias islas del archipiélago de las Calaminas. En cuanto a riesgos, deben mencionarse las frecuentes neblinas provocadas por incendios forestales en Sumatra que disminuyen la visibilidad a 200 m y en los últimos años, la piratería.

La entrada sureste del mar Rojo está representada por el estrecho de Bab-el-Mandeb (que se traduce del árabe como Puerta de las Lamentaciones), desarrollado entre Yemen del lado asiático en la península Arábiga, y Djibutí y Eritrea del lado africano. Enlaza directamente el golfo de Adén con el mar Rojo y tiene una longitud de 115 km, con un ancho que oscila entre 28 y 70 km y una profundidad máxima de 310 m. Su importancia estratégica radica en que por él se mueve anualmente el 8 % del petróleo trasladado a bordo de buques cisterna en todo el mundo, proveniente del golfo Pérsico con destino a Europa a través del canal de Suez.

En 1869 fue inaugurada la vía marítima que unió las aguas del mar Rojo con las del mar Mediterráneo en el istmo de Suez y que tomó el nombre, precisamente, de canal de Suez. Desde entonces es uno de los canales interoceánicos más activos del mundo, con un largo de 163 km entre las ciudades egipcias de Port Said, al norte y Suez, al sur. Posee una profundidad media de 22,5 m y permite el tránsito de buques de hasta 20 m de calado (unos 25 000 por año como promedio), con menos restricciones y riesgos para la navegación que el de Panamá, entre otras razones porque es un canal a nivel.

En la relación de estos importantes pasos o cruces marítimos solo aparece uno americano: el canal de Panamá, abierto en el sector más estrecho del istmo de Panamá a lo largo de 81 km, con un sentido general noroeste-sureste. Es una vía corta y relativamente barata de comunicación entre los océanos Atlántico y Pacífico, que evita tener que rodear el continente suramericano y pasar por las aguas del tormentoso y desolado cabo de Hornos, o por el angosto y laberíntico estrecho de Magallanes. El canal original, abierto al tráfico en 1914, fue ampliado en el siglo XXI, cuyas obras, inauguradas en junio de 2016, triplicaron la capacidad anterior de movimiento de cargas al construirse nuevas esclusas en ambos extremos y ampliar su calado y anchura para permitir el paso de buques de más alto porte con la nueva categoría de Post-Panamax. Los países más beneficiados con este canal, que garantiza casi el 6 % del comercio mundial son: Estados Unidos, China, Chile, Japón, Corea del Sur y Canadá, y los principales productos que se mueven por sus aguas son los granos, las cargas en contenedores y el petróleo y sus derivados.

En la lista de importantes pasos marítimos internacionales no debe faltar el estrecho de Bósforo en Turquía, entrada natural al mar Negro desde el mar Mediterráneo, con un largo de 30 km, una anchura que varía desde los 750 m hasta los 3 700 m y una profundidad mínima de 36 m. En un estrecho histórico, punto de contacto entre las grandes regiones geográficas de Europa y Asia, con sus orillas densamente pobladas pues en ellas se levantan numerosos asentamientos y la magnífica ciudad de Estambul, que con Escútari en el lado asiático y frente a ella, conforma una aglomeración urbana que supera los 14 millones de moradores. Es atravesado por unos 135 buques al día y unos 50 000 al año (sin contar los recorridos locales de pequeñas embarcaciones), en tanto sus riberas están unidas para el tráfico por tres impresionantes puentes y un túnel submarino.

Los relacionados son los más importantes, aun cuando existen otros, como el canal de Mozambique, muy vinculado a la ruta del cabo de Buena Esperanza en el sur de África, el canal artificial de Kiel en Alemania que enlaza el mar del Norte con el mar Báltico o el estrecho de la Florida entre Cuba y Estados Unidos, los cuales ostentan también posiciones de alto rango en materia de navegación y comercio.

Grandes barcos y puertos

La Revolución Científico-Técnica ha ejercido notable influencia en la navegación marítima, originando un alto grado de especialización en las embarcaciones que surcan los mares y océanos del mundo (figura 13). Así, no es raro encontrar en cualquier puerto una verdadera gama de buques especializados, tales como: graneleros, mineraleros, porta-contenedores, buques cisterna, de cargas refrigeradas, de pasajeros, etcétera, que integran la flota mercante mundial, compuesta por más de 90 000 barcos de todos los portes, con una capacidad de 600 millones de toneladas de carga, unas tres veces lo que existía a principios de siglo XX (el transporte marítimo garantiza el 95 % de todas las cargas transportadas en el mundo, de las cuales el 60 % corresponde al tráfico de petróleo y minerales).

Fig. 13 Barcos fluviales en el curso bajo del río Mississippi, listos para iniciar la travesía al amanecer.

El transporte marítimo es más barato que el aéreo. Las razones son, entre otras, las siguientes: el barco flota y no necesita energía para sustentarse; consume poco combustible en relación con el enorme peso que es capaz de transportar, pues al ser de lento desplazamiento la pérdida de energía por rozamiento es pequeña; no requiere de gran infraestructura, como por ejemplo las carreteras para los camiones o calificados controladores aéreos para los aviones; en tanto los salarios que se pagan a las tripulaciones son más bajos que los que se pagan en la aviación (personal técnico menos calificado y de formación menos costosa). Téngase en cuenta que un gran mercante solo necesita una tripulación de 18 personas: el capitán, tres oficiales de puente, tres oficiales mecánicos y 11 miembros de tripulación entre marinos y cocineros.

Los países que poseen actualmente las mayores flotas mercantes (varios de ellos las registran bajo los llamados "pabellones de conveniencia") son, en orden, los siguientes: Grecia, Japón, Alemania, República Popular China y Noruega.

En cuanto a los principales puertos del mundo de acuerdo al tráfico total de cargas, se ha observado en las últimas décadas un visible desplazamiento hacia el este y sureste de Asia (nueve de los 10 primeros se localizan en esa zona). Los cinco primeros son, en orden, los siguientes: Shanghái (República Popular China), Singapur, Shenzhen y Ningpo-Zhoushan (ambos en China) y Busan (Corea del Sur).

El mayor barco de toda la historia es un buque cisterna que en 1996 se reparó en astilleros de Singapur y ostenta el nombre de *Jahre Viking* (antes *Happy Giant*). Esta embarcación gigantesca fue arrendada en 1980 por la Nippon Kokan y fue afectada durante la guerra entre Irán e Irak (1980-1988) por bombardeos en dos ocasiones mientras navegaba por el golfo Pérsico. Sus dimensiones son las siguientes: 485,45 m de eslora (largo), 68,86 m de manga (ancho) y 24,61 m de calado. Su peso muerto es de 564 739 t. Es también un enorme tanquero el noruego *Knock Nevis*, un superpetrolero de 458 m de eslora y 69 m de manga, que pesa 564 763 tm y puede transportar 83 192 tm con una carga de 650 000 m^3 (4,1 millones de barriles de petróleo), el cual, con carga máxima, hunde su casco 24,6 m por debajo del nivel del mar (más del doble de la profundidad que permite la boca del canal de entrada de la bahía de La Habana).

Entre los buques de carga secas el mayor actualmente es el mineralero *Berge Stahl*, que navega bajo bandera noruega y fue construido en astilleros surcoreanos y botado al agua en 1986. Posee un peso muerto de 364 767 t; una eslora de 343 m y manga de 63,5 m.

En relación con los portacontenedores, el mayor del mundo a mediados de 2022 es el Ever Alot de la República Popular China, capaz de transportar casi 24 000 TEUs —siglas en inglés de Twenty Equivalent Unit— es una unidad de medida equivalente a un contenedor de 6,1 m de largo). Cuenta con una eslora de 399,9 m y una manga de 61,5 m y es impulsado por un enorme motor diésel con capacidad de más de 110 000 caballos de fuerza.

Los contenedores han revolucionado en las últimas décadas la transportación marítima, contribuyendo a la unificación de las cargas mediante dispositivos mecánicos estructurales que facilitan su transporte, movimiento y almacenamiento de forma sistemática, segura y homogénea. Si en 1982 el total de contenedores del mundo significaba 3,8 millones de TEUs, en 1998 había pasado a 9,7 millones y en 2016 superaba los 20 millones. Actualmente la República Popular China es el principal productor mundial de contenedores al corresponderle alrededor del 45 % de la producción total (los cinco primeros puertos del mundo por el trasiego de contendores son, en orden, los siguientes: Shanghái, Singapur, Hong Kong, Shenzhen, y Busan).

Entre las barcazas o lanchones más grandes se cuentan cuatro de la clase *El Rey*, con 16 700 tm de peso muerto y 176,78 m de eslora per cápita, construidos en los astilleros norteamericanos de Portland (estado de Oregón). Actualmente navegan entre la Florida y Puerto Rico, y son capaces de transportar 376 camiones con sus remolques cada una en sus tres cubiertas.

En cuanto a los transbordadores de ferrocarril, los más grandes navegan en el mar Báltico, enlazando a Lituania con Alemania. Poseen 190 m de eslora y 91,86 de manga, cargando cada uno hasta 103 vagones de ferrocarril.

Entre los buques de pasajeros aparece como uno de los mayores el famoso y lujoso *Queen Mary II* (Reina María II), con 345 m de eslora, capaz de alcanzar una velocidad de 30 nudos y transportar cómodamente a 2 620 viajeros (en esta gran ciudad flotante se disfruta a plenitud de caros divertimentos que incluyen campos para juegos, locales especializados para recibir tratamientos rejuvenecedores, un moderno gimnasio, un *planetarium*, librerías, guarderías para mascotas, grandes salones de baile y de espectáculos nocturnos, casinos, discotecas, cabarets, así como varias piscinas, bares y restaurantes capaces de complacer todos los gustos). Sobresale además el *Norway*, con una eslora de 315,53 m y capacidad para alojar a 2 400 pasajeros, que actualmente navega solo por el mar Caribe en cruceros turísticos, con su base en Miami. Fueron también famosos el *Queen Elizabeth* (Reina Isabel, botado al agua en 1940), que efectuó su último viaje en 1968 para convertirse después en universidad naval flotante en el puerto de Hong Kong y ser desguazado y convertido en chatarra en 1978 tras incendiarse seis años antes (este otro gigante del turismo poseía una eslora de 314 m y una manga de 36 m) y el *Queen Mary* (Reina María, construido en 1936), que recaló por última vez en el puerto estadounidense de Long Beach donde fue convertido en un museo que formaba parte de un atractivo parque de diversiones llamado *La isla del tesoro.*

En la esfera militar existen también buques gigantescos, denominados portaviones. Uno de ellos, por ejemplo, el norteamericano *Enterprise* propulsado por energía nuclear, es capaz de trasladar y servir de base de operaciones móvil a unos 90 aviones de combate simultáneamente.

Ante las magnitudes de estos gigantes del mar, las naves que se lanzaron a los grandes descubrimientos geográficos del medioevo eran verdaderas "cáscaras de nuez". La mayor del primer viaje de Colón a América, la nao *Santa María,* desplazaba apenas 120 t, con una eslora de 29,60 m y manga de unos 8 m. Tan reducidas dimensiones engrandecen aún más la gesta de aquellos atrevidos marinos, incomunicados durante meses y a veces años de sus familiares y amigos, y expuestos a los riesgos del océano desconocido, confiados solo al esfuerzo propio y a la suerte.

Aviación y aeropuertos

El 17 de diciembre de 1903 una frágil estructura de metal, madera y tela se elevaba del suelo por sus propios medios en Carolina del Norte (Estados Unidos), llevando a bordo a un solo tripulante, Wilbur Wright, que logró mantener el aparato en el aire 12 segundos en una travesía de 50 m. Nacía así la aviación, que hoy es una industria en la que trabajan más de 10 millones de personas y un medio de transporte que usan cada año más de 3 900 millones de pasajeros.

Las obras más visibles del transporte aéreo son los aeropuertos, que pueden definirse como áreas terrestres utilizadas para la llegada, salida y movimiento en superficie de aeronaves de distintos tipos, de procedencia nacional o extranjera, con llegadas y salidas nacionales e internacionales y que cuentan con pistas de aterrizaje pavimentadas de uno o varios kilómetros de extensión, calles de rodaje, terminales de pasajeros y de cargas, plataformas de estacionamiento y hangares de mantenimiento.

Según la Asociación Internacional de Transporte Aéreo (IATA por sus siglas en inglés) existen unos 40 000 aeropuertos en todo el mundo. Hacia 2016, de los 50 primeros por el total de pasajeros atendidos (que se repartieron la tercera parte del movimiento global de personas por vía aérea), 16 se encontraban en Estados Unidos, ocho en la República Popular China, dos en Japón, Reino Unido, Alemania (figura 14), España e India, respectivamente y uno per cápita en otros 16 países.

Fig. 14 Inmediaciones del aeropuerto alemán de Frankfurt del Mainz, uno de los más activos en conexiones aéreas de Europa y del mundo.

De acuerdo con el total de pasajeros transportados en sus aeropuertos (viajeros nacionales y extranjeros), los cinco primeros países que encabezan la lista son, en ese orden, los siguientes: Estados Unidos, República Popular China, Reino Unido, Alemania y Japón.

El mayor de los aeropuertos es el Rey Khaled de Riad, Arabia Saudita, con un área de 250 km^2, inaugurado el 14 de noviembre de 1983. Su torre de control de vuelos es también la más elevada del planeta en su tipo, con 80 m de altura.

La mayor terminal aeroportuaria y la más activa del mundo es la de Harstfield-Jackson, en la ciudad estadounidense de Atlanta, capital del estado de Georgia, inaugurada el 21 de septiembre de 1980, con una superficie de 53 ha y 146 puertas de embarque, que permiten el movimiento anual de más de 100 millones de pasajeros (101,4 millones en 2015). Le siguen el aeropuerto internacional de Beijing en la República Popular China, el aeropuerto internacional de Dubái en los Emiratos Árabes Unidos, el O'Hare Field de Chicago Estados Unidos y el de Haneda en Tokio, Japón, los últimos cuatro con más de 75 millones de pasajeros atendidos cada uno en 2015. La decena de los más activos se completa con el Heathrow de Londres, Reino Unido, principal aeropuerto de tráfico de pasajeros en rutas internacionales del mundo al operar un centenar de líneas aéreas hacia unos 200 destinos extranjeros; el internacional de Los Ángeles en California, Estados Unidos (considerado además como el más importante aeropuerto de tráfico local del mundo, pues se calcula que el 60 % de los pasajeros que por él transitan tienen como puntos de destino o partida localidades californianas relativamente próximas); el internacional de Hong Kong en la República Popular China; el parisino Charles de Gaulle y el estadounidense de Dallas/Fort Worth.

La pista de aterrizaje más extensa es la de la Base Militar Edward, construida sobre el lecho desecado del lago Rogers (estado de California, Estados Unidos), con 11,92 km de largo. En dicha pista se efectuaron numerosos aterrizajes de los transbordadores espaciales norteamericanos (el primero de los cuales lo efectuó el Columbia, en 1980). En relación con los aeropuertos civiles, la pista más larga la posee el de Upington (Sudáfrica), con 4,89 km.

Los únicos aeropuertos del mundo situados bajo el nivel del mar son los de Rotterdam (Zestienhoven) y Amsterdam (Schiphol), ambos en Países Bajos. El nombre del aeropuerto capitalino (a 4,5 m por debajo del nivel del mar) significa "puerto" y se encuentra precisamente en el mismo lugar en que se desarrolló la batalla naval de 1573 entre las flotas de España y Holanda. Ello ha sido posible por el rescate continuo de tierras frente al mar, realizado por el pueblo holandés a lo largo de los siglos.

El aeropuerto más alto del mundo es el de Bangda, en la meseta del Tíbet (República Popular China), enclavado a 4 739 m de altitud, en tanto la pista de aterrizaje más meridional se encuentra en Ushuaia, emplazada en los 54° 48' de latitud sur, con vuelos regulares a cuatro ciudades argentinas (no se toman en cuenta las pistas heladas de la Antártida). La más septentrional es la de Barrow, en Alaska, enclavada en los 71° 16' de latitud norte, con vuelos regulares todo el año hacia 10 localidades de ese estado norteamericano.

Cuba cuenta con una docena de aeropuertos internacionales. El más activo de todos es el José Martí de La Habana, en cuyas terminales se verifica el 50 % de las llegadas internacionales. Completan el quinteto de los más activos el Juan Gualberto Gómez, de Varadero; el Frank País, de Holguín; el avileño Jardines del Rey, de Cayo Coco y el Vitalio Acuña, de Cayo Largo.

La ruta aérea internacional más concurrida es la que enlaza a Londres y París, con 4 700 pasajeros diarios, mientras que el mayor sistema interno de líneas aéreas lo posee Estados Unidos.

En cuanto a las rutas intercontinentales, la más activa es la que enlaza a Londres y Nueva York, con un movimiento anual de más de 2,3 millones de pasajeros, mientras que el vuelo comercial más largo es el que une las ciudades de Los Ángeles (Estados Unidos) y Singapur en un trayecto de14 600 km, realizado en 2008 en un tiempo récord de 18 h y 30 min (a inicios de 2017 la aerolínea catarí Qatar Airways declaró haber realizado en un aparato Boeing 777-200 LR una ruta de 14 535 km entre Doha y la ciudad neozelandesa de Auckland en 16 h y 23 min, sobrevolando cinco países y 10 husos horarios). En contraposición, el vuelo internacional más corto es el que enlaza la ciudad suiza de San Galo con la alemana Friedrichshafen en un trayecto de 20 km sobre un lago que apenas dura ocho minutos, operado por la aerolínea austríaca People's Viennaline, inaugurado en el último trimestre de 2016. Por su parte, el vuelo local más corto solo dura 47 s, en dependencia de las condiciones y dirección del viento, realizado entre las islas escocesas de Westray y Papa Westray ubicadas en el archipiélago de Orcadas (en los dos últimos los pasajeros no se quitan nunca los cinturones de seguridad).

El más grande de los aviones comerciales es el Airbus 380, cuyo vuelo inaugural se llevó a cabo en Toulouse, Francia, el 27 de abril de 2005 (dos años y medio después, el 25 de octubre de 2007, realizó el primer vuelo comercial patrocinado por la aerolínea Singapur Airlines). Esta nave desplazó del puesto cimero al Boeing 747. Es el primer avión que posee cubierta de pasajeros doble a lo largo de todo su fuselaje, lo que le permite acomodar hasta 853 viajeros en su mayor configuración de alta densidad para la clase turista. Su envergadura (distancia entre los extremos de ambas alas) alcanza entre 65 y 80 m, con un ancho exterior entre las ruedas del tren de aterrizaje principal que va desde los 14 hasta los 16 m, lo cual le acarrea problemas para operar en la inmensa mayoría de los aeropuertos del mundo, pues requiere de pistas con 60 m de ancho y el promedio general no pasa de 45 m. Solo es superado en tamaño por el avión de carga ruso Antonov AN-225.

La aviación, a pesar de la espectacularidad y magnitud de sus accidentes, es un medio de transporte muy seguro. Anualmente mueren entre 800 y 900 personas en unos 25 desastres aéreos como promedio, mientras que en accidentes automovilísticos las cifras alcanzan 220 000 fallecidos y más de ocho millones de heridos. Las estadísticas indican que el medio moderno de locomoción más seguro es el barco, donde la posibilidad de un accidente grave es de 0,4 %, frente a 1 % en tren, 1,5 % en avión y 6,2 % en auto.

El más terrible accidente de aviación civil se produjo en el aeropuerto español de Los Rodeos (en la actualidad denominado Tenerife Norte) en Tenerife, islas Canarias, el 27 de marzo de 1977, cuando colisionaron en tierra dos aparatos Boeing 747 de las líneas KLM (Países Bajos) y Pam Am (Estados Unidos) debido a una sucesión de fatídicos errores humanos en medio de una espesa niebla, hecho que provocó 583 muertos. En segundo lugar se registra el ocurrido en Japón central el 12 de agosto de 1985, cuando otro Boeing 747 de la Japan Air Lines que cubría la ruta Tokio-Osaka, se estrelló contra el Monte Takamagahara, a 100 km de Tokio, con un saldo de 520 víctimas fatales, el peor de todos con un solo avión involucrado. Por último, en tercer lugar aparece el accidente conocido como Charkhi Dadri, ocurrido el 12 de noviembre de 1996, cuando un Il-76 de Kazajistán y un Boeing 747 de Arabia Saudita chocaron en pleno vuelo sobre India con un saldo de 349 muertos, considerado como la peor colisión en el aire.

Cementerios

Los grandes cementerios del mundo están asociados, obviamente, a importantes concentraciones urbanas. Muchos de ellos son verdaderos museos al aire libre que ostentan singulares y valiosos monumentos, estatuas y lápidas de recordación y homenaje.

Diversas fuentes mencionan a varios cementerios como los mayores del mundo atendiendo al número de enterramientos. Entre ellos sobresalen el Ohlsdorf de Hamburgo, Alemania, que ocupa una superficie de 400 ha y registra casi un millón de sepulturas y más de 400 000 cremaciones, activo desde 1877. También se mencionan los de San Petesburgo (Rusia) y Sydney (Australia). En esta última ciudad se encuentra la necrópolis Rookwood, que en un área de 295 ha registra más de 550 000 enterramientos a partir de 1867.

Existe una isla cuya única función es servir de cementerio. Se trata de San Miguel, a 500 m al noreste del centro de Venecia, que sin dudas es el enclave insular más fúnebre del planeta y la única necrópolis a la que solo se llega por vía marítima (los cortejos fúnebres siguen la tradición ancestral de realizarse en góndolas).

En Cuba el mayor y más famoso de los cementerios es el capitalino Cristóbal Colón (Necrópolis de Colón), que ocupa una superficie de unas 55 ha y cuya construcción comenzó en octubre de 1871. Es uno de los 21 cementerios de La Habana y el primer cadáver inhumado en sus terrenos fue el de la mulata Paulina Acosta.

SEGUNDA PARTE

EL ESCENARIO NATURAL DEL HOMBRE

A bordo de su planeta y sin que su voluntad disponga, el hombre se mueve en un viaje interminable alrededor del Sol, disfrutando las estaciones del año y rotando constantemente alrededor de un eje imaginario.

Sobre la superficie de la Tierra ha tenido que amoldarse a los caprichos del relieve, esquivando las altas cumbres montañosas, los fétidos pantanos y los grandes desiertos, escogiendo con preferencia terrenos llanos y pocos elevados para fijar su residencia e intercambiar con el medio. Junto a excelentes bahías o en las riberas de ríos y lagos, en lugares boscosos o escasos de vegetación, a la vista de anchurosos océanos o en valles intramontanos de singular belleza, ha debido desafiar a la naturaleza para empinar sus proyectos.

Hombres del trópico bajo el sol atenazante o habitantes de las heladas comarcas circumpolares; hombres del llano y de la montaña, nómadas del desierto, aldeanos de remotos parajes lacustres o fluviales, se identifican con un rasgo común: la vida frente a la naturaleza.

Medios geográficos favorables u hostiles imponen al hombre espacios disímiles para enfrentarlos, debiendo paliar el azote de huracanes, terremotos y erupciones volcánicas que ponen en peligro su existencia, como pone él, consciente o no en peligro, la vida de numerosas especies en vías de extinción.

Pero el hombre es hombre gracias al medio en que vive, tan variado, curioso e interesante que merece la pena exponerlo a través de sus más sugestivos exponentes. Y eso es lo que haremos seguidamente, para conocer el escenario natural de la obra grandiosa que ha logrado en un empeño consciente de siglos.

El planeta en que vivimos

El volumen de la Tierra equivale a 1 083 317 789 999 km^3, con una masa total en kilogramo evaluada en 5 978 por 10 elevado a la potencia 24.

La superficie del planeta es de 510 082 000 km^2, de los que 133,8 millones corresponden a las tierras emergidas, 15 millones a las partes cubiertas por hielos y 361,2 millones (70,8 %) a las aguas oceánicas.

La Tierra es el tercer planeta más alejado del Sol, del que la separan 149,5 millones de km, distancia que recorren sus rayos en 8,3 minutos. La distancia media a la Luna —su único satélite natural— es de 384 365 km.

El diámetro y la circunferencia ecuatoriales son respectivamente de 12 753,54 y de 40 076,59 km. El diámetro polar, por su parte, es de 12 710,77 km, con una circunferencia que interseca ambos polos de 39 922,22 km (las cifras atestiguan claramente la forma abultada en el Ecuador y achatada en los polos del planeta).

La inclinación de su eje de rotación es de 23°, 27 min y 30 s. El planeta emplea 23 horas, 56 min y 4 segundos para efectuar una vuelta completa sobre él, con una velocidad de 1 600 km/h en el Ecuador. Por su parte, la velocidad media de traslación alrededor del Sol es de 107 280 km/h, la cual alcanza su máximo durante el perihelio del 3 de enero (punto de su órbita más cercano al Sol) cuando llega a 110 700 km/h.

En la Tierra viven más de 350 000 especies de plantas y más de un millón de especies animales, distribuidas en cada caso según diferentes factores que determinan el hábitat correspondiente.

La población humana superaba en enero de 2022 los 7 860 millones de habitantes. Los expertos han calculado que ese monto representaba el 6,6 % de todos los humanos que han vivido a lo largo del tiempo, es decir, los pertenecientes a la especie *Homo sapiens* "moderno", cuyos primeros exponentes vivieron, según los más recientes estudios, hace 165 000 años, aunque los restos más antiguos de nuestra especie corresponden a los hallazgos óseos de los llamados "hombres de Kibish" en Etiopía, datados en 195 000 años atrás.

La distancia de la Tierra a la estrella más cercana (Alfa Centauro) es de 4,2 años luz, es decir, más de 7 000 veces más alejada que el planeta Neptuno (el único de los planetas del Sistema Solar que no es visible a simple vista desde la Tierra). A la nebulosa más próxima (Gran Nube de Magallanes) la distancia es de 170 000 años luz.

La edad del planeta se calcula en unos 5 000 millones de años.

Relieve

Eurasia es un continente de relieve superlativo. Solo en él se elevan montañas de más de 7 000 m de altitud y 14 sobrepasan los 8 000 m, las llamadas ochomiles (todas en Asia, nueve en la cordillera del Himalaya y cinco en la de Karakórum), sobresaliendo entre todas la cima nevada del Monte Everest (8 848 m), punto culminante de la más alta y espectacular de las cordilleras mundiales: el Himalaya.

La diferencia de altitud entre el pico Everest y el mar Muerto (máxima depresión continental) es única entre las diferentes masas continentales. En Eurasia se encuentra además la mayor y más alta altiplanicie, la meseta del Tíbet, con unos dos millones de km^2 de superficie y una altitud media de unos 4 000 m.

El más extenso sistema montañoso es el que recorre la fachada occidental de América, desde Alaska hasta la Tierra del Fuego, a lo largo de más de 15 000 km, incluyendo las Cordilleras de América del Norte, la cordillera Centroamericana y los Andes (figura 15). Esta última es la cordillera más extensa, con unos 7 600 km de largo.

Fig. 15 Imponente imagen de la sierra de Mérida en los Andes venezolanos.

Los Alpes constituyen el sistema montañoso de más intenso tráfico. A través de esas montañas discurren más de 400 000 km de carreteras y vías férreas (incluidos 250 km de túneles) que anualmente son transitadas por casi siete millones de vehículos ligeros y pesados, que transportan más de 80 millones de pasajeros y casi 90 millones de tm de mercancías. A través de los Alpes se trasiega alrededor del 20 % de las mercaderías comercializadas en los países de la Unión Europea.

En cuanto a los volcanes, entre los inactivos el más alto es el Cerro de Aconcagua (6 960 m de altitud), en los Andes argentinos. Entre los activos encabeza la relación el llamado Ojo del Salado (6 887 m) en la frontera chileno-argentina. El Mauna Loa de Hawái tiene 4 710 m de altitud, es activo, y si se toma en cuenta que sus laderas se sumergen hasta 6 000 m, es el mayor desde su base oceánica (casi 11 000 m), esta medida se considera como la máxima para una montaña atendiendo a las características geofísicas de la Tierra.

La llanura más extensa es la del Amazonas, que se extiende por una superficie de unos 5 000 000 de km^2, en lo fundamental en territorio brasileño, sobre la cual corren las aguas de la mayor cuenca fluvial: la del Amazonas-Ucayali, en cuya arteria principal se desaloja un caudal promedio de 120 000 m^3 de agua por segundo.

El desfiladero más profundo es el Cañón de Colca, en Perú, con una profundidad de 3 223 m. El más largo es el Gran Cañón del río Colorado, en Arizona (ambos en Estados Unidos), que posee las siguientes magnitudes: 349 km de largo, entre 6 y 29 de ancho y una profundidad de 1 610 m.

La cueva más larga se encuentra en el subsuelo del Mammoth Cave National Park, en Kentucky (Estados Unidos), mientras que el mayor sistema cavernario, con más de 560 km de galerías cartografiadas, se encuentra en el propio Parque Nacional y conecta la espelunca mencionada con los sistemas de Flint y Toohey Ridges.

La cavidad subterránea más grande se encuentra en el Parque Nacional Gunung Mulu de Sarawak (Malasia). Posee una longitud de 700 m, un ancho promedio de 300 m y una altura que no cede los 70 m. Descubierta en 1980, se calcula que en su interior pueden acomodarse unos 7 500 ómnibus. La más profunda es el complejo de Pierre de Saint Martin, en la frontera entre España y Francia, con unos 1 330 m. Pero la caída vertical absoluta mayor es el Sótano de Barro, en México, con 410 m.

Entre las formaciones subterráneas más interesantes, sobresalen las estalactitas. La más larga de todas es la llamada Gran Columna, en la Sala de los Cataclismos de la cueva de Nerja, en Málaga, España.

El Parque Nacional de Arcos, al sureste del estado norteamericano de Utah, posee la mayor densidad de arcos rocosos del mundo, los que se han formado a lo largo del tiempo por la acción mancomunada del viento y el agua, así como de los cambios extremos de temperatura y los movimientos tectónicos. Existen en dicho lugar más de 1 500 arcos de diferentes tamaños, desde los 90 cm de altura hasta los 91 m de base a base y 31 m de altura que posee el mayor, denominado Arco Panorámico.

Altitudes

Nepal es el país más montañoso del mundo (figura 16), situado en su mayor parte en medio del intrincado paisaje de la cordillera asiática del Himalaya. Ocho cumbres nepalesas rebasan los 8 000 m de altitud, algunas compartidas por estar situadas en las fronteras con la República Popular China e India y otras propias, es decir, elevadas totalmente dentro de su territorio. Son ellas las siguientes: Everest (8 848 m), Kanchenjunga (8 586 m), Lhotse (8 516 m), Makalu (8 485 m), Cho Oyu (8 201 m), Dhaulagiri (8 167 m; la más alta dentro de las fronteras de un país a nivel mundial), Manaslu (8 163 m) y Annapurna (8 091 m). Sin embargo, su porción meridional es llana y forma parte de la llanura Indogangética, con altitudes que en muchos casos no sobrepasan los 200 m sobre el nivel del mar. Tal contraste, en un país que no sobresale por su tamaño (apenas 1,3 veces mayor que Cuba) es único en el mundo.

La mayor depresión continental del planeta es el Mar Muerto, entre Israel y Jordania, con una altitud de 397 m por debajo del nivel del mar.

Fig. 16 Hermosa imagen de la montaña Annapurna en Nepal, el primer ochomil conquistado por alpinistas, considerada como la de más peligrosa y siniestra escalada a nivel mundial.

Los casos anteriores son relativamente conocidos y en numerosas publicaciones especializadas aparecen de manera habitual.

Sin embargo, entre todos los países, ¿cuál de ellos tiene su punto más bajo a mayor altitud?, y ¿cuál lo contrario?, es decir, su punto más alto a menor altitud.

La respuesta a la primera interrogante la encontramos en un pequeño reino africano enclavado en el corazón de Sudáfrica: Lesoto, cuyo punto más bajo se encuentra a 1 381 m sobre el nivel del mar, una cota inferior que es más alta que el punto más elevado de más de 90 países. En el otro caso se trata de la República de Maldivas, archipiélago del océano Índico de origen coralino integrado por unas 2 000 islas y atolones, en el cual el punto más elevado se halla a 2,4 m de altitud. Existen otros países de muy baja altitud promedio y resulta curioso que en uno de ellos, Dinamarca, a una colina de 157 m ubicada en la península de Jutlandia, se le llame pomposamente "montaña del cielo".

¿Por qué las altas cumbres montañosas aparecen cubiertas de nieve?

Si se exponen dos cristales al Sol, uno de ellos sobre la superficie de una mesa y el otro apoyado entre los espaldares de dos sillas, pasado un tiempo el primero de ellos estará caliente, mientras que el segundo conservará aproximadamente la temperatura original. ¿Qué razones explican la diferencia de tales comportamientos? El cristal que estaba apoyado entre ambas sillas dejó pasar a través de él los rayos solares sin calentarse, en tanto el otro, apoyado sobre la mesa, se calentó por irradiación, al ceder la superficie del mueble el calor recibido. La atmósfera funciona como el cristal apoyado en sus extremos, o sea, no se calienta directamente al ser penetrada por los rayos solares, pues estos la atraviesan sin apenas elevar su temperatura (de 100 unidades de energía radiadas por el Sol hacia la Tierra, solo 17 son absorbidas por la atmósfera).

La troposfera, que constituye la capa atmosférica más próxima al suelo, con límites superiores que varían entre los 7 km sobre los polos hasta los 17 km sobre el Ecuador, se calienta por radiación, una vez que la energía solar absorbida por la superficie se transforma en calor. En el aumento de la temperatura atmosférica también intervienen procesos de convección, conductibilidad y turbulencia, pero en general su fuente principal de energía es la irradiada por la superficie terrestre. Los rayos solares atraviesan la capa atmosférica, pero apenas la caldean; su calentamiento se produce a partir de que la superficie absorbe ese calor y luego lo trasmite en forma de radiaciones de gran longitud de onda (irradiación terrestre), actuando el planeta como un gran emisor de calor fácilmente absorbido por la troposfera (si apenas absorbía el 17 % de la radiación solar directa, es capaz de retener el 90 % de las radiaciones terrestres).

Comoquiera que el calor irradiado por la Tierra se difunde en la atmósfera, en la medida que se asciende este irá disminuyendo, por lo cual en la troposfera la temperatura disminuye con la altura a razón de 0,6 °C por cada 100 m, calentándose de abajo hacia arriba.

Los elementos expuestos bastan para comprender, de una manera muy general, por qué las altas cumbres montañosas aparecen cubiertas por un blanco penacho de nieve, a pesar de estar más cerca del Sol que la base (aunque la diferencia de altura entre la base y la cima, aun en las mayores cumbres, es insignificante y despreciable en comparación con la distancia que separa a la Tierra del Sol). Tales argumentos pueden explicar también por qué Bogotá, en la faja ecuatorial pero a más de 2 500 m de altitud, tiene veranos más frescos que Montreal, emplazada en los 45° de latitud norte pero a solo un centenar de metros sobre el nivel del mar.

Así, las cumbres del Kilimanjaro o del volcán Chimborazo, entre otras muchas, mantendrán sus cabezas encanecidas, contrastando con las altas temperaturas que caracterizan la superficie terrestre que las circunda, en pleno dominio ecuatorial.

Grandes desiertos

Los desiertos forman parte de las zonas áridas y semiáridas que se extienden por un tercio de las tierras del planeta y se reparten por unos 60 países, estos son arenosos, pedregosos o arcillosos y presentan un elemento común crucial: la escasez manifiesta de agua.

El mayor de los desiertos del mundo es el Sahara, que cubre en el norte de África una superficie de 9,2 millones de km^2 y donde se incluyen los desiertos de Libia (al noreste, que posee la mayor acumulación de arena del mundo) y de Nubia (entre el río Nilo y el mar Rojo). Presenta profundidades de hasta 134 m bajo el nivel del mar y alturas que llegan a 3 400 m. En esta enorme área se desarrollan planicies arenosas, colinas pedregosas y montañas escarpadas.

El Sahara avanza hacia el sur inconteniblemente y si se toma en cuenta su faja meridional conocida como Sahel, entonces involucra a más de una docena de países, entre ellos: Marruecos, Argelia, Libia, Egipto, Sahara Occidental, Mauritania, Senegal, Malí, Niger, Burkina Faso, Chad y Sudán (en este último desde 1960 el desierto ha avanzado más de 200 km). Durante una buena parte del año la capital de Malí (Bamako), fundada a mediados del siglo XIX fuera del desierto, solo se aprecia hoy a través de una bruma de arena y polvo arrastrada por el viento del norte, desde el Sahara y el Sahel, como un recordatorio permanente del avance del desierto.

En ocasiones las tormentas arrastran arenas saharianas a grandes distancias, incluso hasta las islas de Cabo Verde y Canarias.

El Gran Desierto Australiano (figura 17) se extiende a través de 1,5 millones de km^2, con regiones arenosas y planicies pedregosas; el Arábigo ocupa 1,3 millones de km^2, con mesetas y planicies áridas y pocos oasis, mientras que el de Gobi supera ligeramente el millón de kilómetros cuadrados.

Fig. 17 Columnas calcáreas de unos cuatro metros de altura en el Gran Desierto Australiano.

El desierto de Kalahari es tan grande como España, el de Takla Makán como Suecia y los de Siria y Karakum superan en más de dos veces la superficie cubana.

El área conjunta desértica del planeta (17,6 millones de km^2) es parecida a la de Rusia, es decir, una octava parte de las tierras emergidas sin contar la Antártida, el gran desierto helado.

Diamantes famosos

Los diamantes son los minerales conocidos más duros, transparentes (incluso a los rayos X) e incoloros, aunque en ocasiones presentan coloraciones amarillentas, pardas o ligeramente azules.

India y Borneo fueron los primeros lugares donde se encontraron diamantes, aunque en la actualidad el continente africano proporciona la inmensa mayoría de tales piedras preciosas, siendo sus principales productores: Sudáfrica, República del Congo, República Democrática del Congo, Sierra Leona y Angola.

El diamante de mayor tamaño encontrado es el Cullinan o Premier, también llamado Estrella de África, descubierto en 1905 en la mina Premier de Transvaal (Sudáfrica), evaluado en 3 106 kilates, equivalente a 600 g. Era un fragmento de una piedra de dimensiones mayores y fue comprado por la Asamblea de Transvaal para obsequiarlo al rey Enrique VIII. Con posterioridad fue cortado en nueve piezas (varias de ellas adornan el cetro y la corona real británica) y alrededor de 100 más pequeñas.

Otros diamantes famosos son los siguientes: el Kohinur, encontrado en India a principios del siglo XIV, que originalmente era de 700 kilates, pero que fue reducido a 280 por la impericia de un tallista y que en la actualidad, después de haber sido pulido varias veces, pesa 106 kilates; el Orlov, 195 kilates; el Regente de 137 kilates; el Florentino o Gran Duque de Toscana, de color ligeramente amarillo, 137 kilates; el Gran Mogol, que originalmente tenía 780 kilates y ha quedado reducido a 280 kilates, en poder de la familia del ex-Sha de Irán Mohamed Reza Pahlevi; el conocido como Estrella del Sur, hallado en Brasil en 1853, que después de ser tallado tiene 129 kilates; el Vargas, encontrado en Minas Gerais en 1938 de 726 kilates; el Dresden, de color verde, con 40 kilates; el Saney, usado por Luis XV en la ceremonia de su coronación, con 53 kilates, de aguas muy puras, comprado por el Zar de Rusia en 1835 y después por un príncipe indio y, en fin, el Shah de la corona de Rusia, con 89 kilates y tallado en forma de prisma irregular.

En Cuba es conocido el famoso diamante del Capitolio, cuya réplica actual marca el kilómetro cero de la Carretera Central y que el 25 de marzo de 1946 fue robado para reaparecer el 2 de junio de ese mismo año, en el despacho del presidente Ramón Grau San Martín dentro de un "sobrecito anónimo".

Océanos, mares, golfos, estrechos y canales

Los mares y océanos cubren un área de 361 millones de kilómetros cuadrados, es decir, el 71 % de la superficie terrestre, con una profundidad media de 3 790 m, cuatro veces mayor que la elevación media de las masas continentales, que es de unos 840 m.

A partir del 8 de junio de 2021, Día Mundial de los Océanos, la National Geographic Society reconoció el océano Austral como el quinto océano del planeta, que a diferencia de los demás, cuya extensión se define por los continentes que los delimitan, en este, el límite lo establece la Corriente Circumpolar Antártica, que fluye libremente de oeste a este alrededor de la Antártida en una banda fluctuante alrededor de los 60^0 de latitud sur, donde el agua es más fría y menos salada que en los océanos colindantes y que resguarda ecosistemas marinos únicos. Este océano fue reconocido por primera vez en 1937 como Glacial Antártico por la Organización Hidrográfica Internacional, pero perdió tal designación en 1953 a partir de una decisión que en las últimas décadas resultó polémica. El nombre de océano Austral fue adoptado en 1999 por la Junta de Nombres Geográficos de Estados Unidos.

El mayor de los océanos es el Pacífico, con una superficie de casi 180 millones de kilómetros cuadrados (49 % del océano mundial), y una profundidad media de 4 049 m (también la mayor). El más pequeño es el Glacial Ártico (unos 14 millones de kilométros cuadrados).

La máxima profundidad oceánica se encuentra en la Fosa de las Marianas, en el Pacífico occidental, con 11 034 m.

El agua oceánica más clara es la del mar de Weddell, en la Antártida. El 13 de octubre de 1986, en un punto situado en los 71° de latitud sur y 15^0 de longitud oeste, un disco Secchi, empleado para medir el grado de turbidez de las aguas, resultó visible a una profundidad de 80 m.

El mar del Coral, al noreste de Australia, es el de mayor extensión, con 4,7 millones de kilómetros cuadrados de superficie.

Entre los golfos el de México encabeza la lista de acuerdo con el tamaño, con 1 500 000 km^2, mientras que la mayor bahía es la de Hudson (Canadá) con 822 300 km^2.

La mayor amplitud de marea se produce en la bahía de Fundy (Canadá), con una diferencia entre pleamar y bajamar de 19,6 m.

El estrecho más largo es el de los Tártaros, entre la isla de Sajalín y el territorio continental de Rusia, con unos 800 km, algo más que el estrecho de Malaca. El más ancho es el de Drake, entre las islas de Diego Ramírez (Chile) y Shettland del Sur, con 1 140 km de ancho.

El estrecho más angosto se encuentra entre la isla de Eubea (mar Egeo) y Grecia continental, con apenas 40 m de ancho.

El área marítima de más intenso tráfico queda comprendida entre los 40° y 55° de latitud norte en el Atlántico y enlaza las fachadas occidentales y orientales de Europa y Norteamérica, respectivamente, en la cual se mueven tres quintas partes de las cargas marítimas internacionales.

Varios canales acuáticos naturales son relevantes en la transportación marítima contemporánea, como el canal de la Mancha y el de Mozambique, mientras que entre los artificiales sobresalen por el movimiento de barcos, tonelaje transportado e importancia global los del Suez, Panamá y Kiel.

El punto más remoto del mundo se localiza en aguas oceánicas, concretamente en el Pacífico, en los 48° 30' de latitud sur y los 125° 30' de longitud oeste, a unos 2 670 km de las tierras más cercanas, que son las islas Pitcairn y el cabo Dart (Antártida).

Litorales marítimos

Ciento cincuenta estados tienen acceso directo al mar, lo que representa sin género de dudas, una ventaja extraordinaria desde el punto de vista socioeconómico. Las actividades que se desarrollan en los litorales marítimos son tan importantes como variadas y, por tanto, difíciles de resumir.

Una de ellas es la portuaria Rotterdam, en Países Bajos, con sus "satélites" Schiedam, Vlaardingen y Hoek van Holland, conforma uno de los engranajes portuarios más activos y potentes del planeta, capaz de manipular anualmente unos 300 millones de toneladas de cargas de todo tipo. Su área portuaria abarca alrededor de 100 km^2, con 122,3 km de muelles.

Sin embargo, el puerto más grande es el de Nueva York-Nueva Jersey, con una zona frontal navegable de 1 215 km, 261 atraques para carga general y capacidad para 391 barcos simultáneamente.

El muelle más largo está en Cammam, Arabia Saudita (golfo Pérsico), con 10,93 km de largo y 39 atracaderos de aguas profundas. Este puerto, como muchos otros del citado golfo y de otros países exportadores de petróleo, tiene un grado superlativo de especialización para el embarque de crudos y derivados. Entre los puertos especializados, el brasileño Santos es el primer exportador mundial de café.

Desde el punto de vista turístico y recreativo las playas asumen un papel de primer orden. La mayor playa del mundo es la de Virginia (Estados Unidos), con 45 km de extensión hacia el Atlántico y otros 16 km en un estuario. Dispone de más de 130 hoteles y moteles según estimados del año 2015.

De acuerdo con la afamada agencia turística Tripadvisor, que toma en cuenta los resultados de encuestas aplicadas a miles de visitantes, la mejor playa del mundo en 2019 fue la de Sancho, en la isla brasileña de Fernando de Noronha. La lista de las nueve mejores playas a escala planetaria se completó con la cubana Varadero, la española La Concha, Águila de Aruba, Grace Bay de las islas Turcas y Caicos, Clearwater del estado norteamericano de Florida, Conigli del archipiélago italiano de Lampedusa, Siete Millas de islas Caimán y Playa Norte de la isla mexicana Mujeres.

La más extensa línea costera la posee Canadá, con salida a los océanos Pacífico, Atlántico y Glacial Ártico (este último incluye las costas del numeroso y extenso archipiélago ártico canadiense, así como la profusión de entrantes y salientes de un litoral sumamente desgarrado). Nueve décimas partes de las costas marítimas de Canadá no participan en la vida económica del país. De las naciones costaneras, Mónaco es la de menos litoral, con apenas 5,61 km en el mar Mediterráneo.

El mejor promedio de kilométros de costas por kilómetro cuadrado de superficie lo posee Noruega (1 km por cada 16 km^2) (figura 18), cuyo litoral, sumamente desgarrado e irregular, es rico en entrantes y salientes. Varios de los mayores fiordos del mundo se localizan en su periferia marítima: Sogne, Hardanger y Trondhem, con 220, 170 y 130 km, respectivamente (el mayor fiordo es el Nordvest, en Groenlandia oriental, con 313 km de largo tierra adentro). No obstante, las costas más típicas de fiordos son las de Noruega, donde han llegado a constituir su paisaje representativo, sucediéndose casi sin interrupción a lo largo de toda la fachada occidental, provocando que la longitud costera total del país sea de 20 000 km, mientras que la línea general de la costa es de solo 3 400 km. En contraposición, el peor promedio entre los países costaneros lo posee la República Democrática del Congo, que con 2,3 millones de km^2 tiene apenas 37 km de salida al mar, para una proporción de un kilómetro de costas por 63 378,3 km^2 de superficie.

Fig. 18 Fiordo de Oslo, Noruega, uno de los países con costas más tremendamente irregulares del mundo. Los fiordos penetran tierra adentro grandes distancias, semejando estrechos y profundos canales de aguas marinas, muchas veces entre abruptas laderas montañosas.

El arrecife más extenso es la Gran Barrera Australiana, que se extiende a lo largo de 2 027 km, frente a las costas orientales de Australia, mientras que los acantilados más altos se encuentran en la costa norte de Molokai oriental, islas Hawái, que con pendientes medias superiores a 55° descienden más de 1 000 m hasta el mar.

Por último, el faro más alto se halla sobre una torre de 106 m cerca del parque Yamashita, en Yokohama, Japón. Es visible desde 32 km de distancia.

Los colores del mar y del cielo

No siempre los colores del mar aparecen con similares tonalidades, aunque en general y en condiciones normales, su color varía desde azul oscuro hasta el azul intenso. La superficie marítima puede mostrarse, de acuerdo con el lugar, con tonos blancos, rojizos, verdosos o amarillentos —la escala de colores del mar cuenta con 21 probetas con líquidos que van desde el azul hasta el carmelita— pero el azul es su color normal, pues las aguas reflejan mejor los rayos azules del espectro solar que los restantes. Incluso, para un mismo lugar la tonalidad de las aguas varía entre la mañana, el mediodía y la tarde, relacionándose con el ángulo de incidencia con que llegan los rayos solares a la superficie líquida.

En las latitudes bajas (ecuatoriales y tropicales) los colores azul intenso o azul oscuro son dominantes, como ocurre en el golfo de México y el mar de Bengala o en los mares de China; en las templadas el agua asume tonos verdosos en muchos lugares, especialmente en las costas o en las regiones donde ocurre fusión de los hielos. En las latitudes polares el color verdoso es el predominante.

Localmente las aguas marinas muestran tonalidades especiales que se deben a factores específicos que alteran su coloración. Por ejemplo, en las desembocaduras de grandes ríos los arrastres de arcillas enturbian el agua y le imprimen tonos amarillentos (como en el mar Amarillo) o carmelitosos (desembocadura del Amazonas); las aguas del mar Rojo presentan tonalidades rojizas por la influencia de un tipo de alga, que en otros mares aporta coloraciones verde-azulosas, en tanto, la presencia de microorganismos puede alterar su color o darle aspecto fosforescente.

Es decir, un gran conjunto de factores puede alterar el color normal de las aguas marinas, que como se señaló anteriormente, es el azul, incluidos entre ellos las particularidades del fondo de mares someros y la profundidad del lecho marino.

En relación con el color del cielo, este es consecuencia de la difusión que las moléculas de aire ejercen sobre las ondas luminosas y de procesos de difracción, reflexión y otros debidos a la presencia de gotas de agua, cristales de hielo, polvo atmosférico, etcétera. Fuera de la atmósfera, donde no ocurren procesos de difusión de la luz, la bóveda celeste se ve negra.

Se le llama azul celeste al azul blanquecino del cielo, que es el más común. Esto se debe a que es mayor la propagación de las ondas luminosas cortas (azules y violetas) cuando encuentran en su camino partículas muy pequeñas, difundiéndose en todas direcciones y aportando una coloración azulada. El color blanquecino se relaciona con procesos de reflexión y difracción sobre las ondas luminosas por la presencia en el aire de partículas flotantes más grandes, como las gotitas de agua.

Durante la salida o la puesta del Sol se observan coloraciones amarillentas o rojizas, que se explican porque es cuando mayor espesor atmosférico tienen que atravesar esos rayos, que son los que experimentan la difusión en menor medida por poseer longitudes de onda más largas.

Las tonalidades azules, las más frecuentes, varían en una serie de grados bastante amplios, en dependencia de la pureza de la atmósfera.

El conocido smog (derivación de las palabras inglesas *smoke* —humo— y *fog* —niebla) que caracteriza el espacio de las grandes ciudades industriales, provocado por el alto grado de impurezas contenidas en el aire, hace que el cielo aparezca con tonalidades blanquecinas y grisáceas, que solo se convierten en azules cuando fuertes vientos despejan la capa de aire superior contaminada.

Islas

Aproximadamente el 6,3 % de las tierras emergidas corresponden a territorios insulares, en los cuales habita en conjunto alrededor del 10 % de la población mundial.

Entre las islas, Groenlandia es la mayor, con una superficie de 2 175 600 km^2, superior en 50 veces a Dinamarca, de la que es parte integrante como provincia desde 1953 y desde marzo de 1979 disfruta de autonomía política interna. La gran isla ártica se reparte el 23 % de la superficie insular del mundo.

La segunda en tamaño es la isla de Nueva Guinea (785 753 km^2), compartida por dos países: Indonesia y Papúa Nueva Guinea. La lista la continúan Borneo (748 168 km^2) y Madagascar (587 041 km^2).

Con más de 200 000 km^2 de superficie aparecen las islas de Baffin, Sumatra, Gran Bretaña, Honshu y las islas árticas canadienses de Ellesmere y Victoria.

Entre las islas del mundo la de Cuba ocupa el puesto 16 de acuerdo a su tamaño, siendo la más grande de las Antillas, de toda América Latina y el Caribe, y quinta de la masa continental americana. Además de las mencionadas anteriormente, la superan en superficie Célebes o Sulawesi, las islas sur y norte de Nueva Zelanda, Java y Terranova. Aunque el área del archipiélago cubano es de 109 884 km^2, según datos oficiales de la Oficina Nacional de Estadísticas e Información (Onei), la isla de Cuba propiamente tiene 105 006 km^2 (95,5 % de la superficie nacional)

Dos áreas geográficas concentran en conjunto a 12 de las 20 mayores islas: la porción septentrional de Norteamérica (cinco) y el sureste asiático hasta Nueva Guinea (siete).

No existen datos sobre la más pequeña, que presumiblemente debe ser alguno de los peñascos que afloran en distintos puntos del océano mundial o en los atolones coralinos.

La isla que posee el punto más elevado es Nueva Guinea. En su sector occidental indonesio se eleva la montaña Puncak Jaya (Pico Jaya) con una altitud de 4 884 m.

La isla de mayor población absoluta, con unos 150 millones de habitantes (2021), es la de Java (Indonesia), seguida por la japonesa Honshu (más de 104 millones) y por la de Gran Bretaña (61,3 millones de residentes). Completan la decena de islas más pobladas las siguientes: Luzón (Filipinas), Sumatra (Indonesia), Taiwán, Sri Lanka, Madagascar, Mindanao (Filipinas) y La Española (esta última, con 22,7 millones de habitantes en julio de 2022, repartidos entre Haití y

República Dominicana, es la más poblada de todo el Caribe y duplica la población absoluta de Cuba).

Una de las islas de formación más reciente se originó el 14 de noviembre de 1963 al sur de Islandia, cuando una erupción submarina dio lugar al islote de Surtsey. Cuatro años después del referido hecho, tenía una extensión de un kilómetro cuadrado y después de tres años alcanzaba los 2,5 km^2, que es su tamaño actual, con una elevación máxima de 173 m. Al ser visitada después de su enfriamiento, se comprobó que ya la vida vegetal se había instalado en ella, convirtiéndose así en el primer ecosistema virgen conocido por el hombre.

El mayor de los archipiélagos es Insulindia, compartido por cuatro países: Indonesia, Timor Oriental, Malasia y Brunei Darussalam (los dos últimos en la isla de Borneo). Está compuesto por más de 17 000 islas, de las que apenas 922 se encuentran habitadas. Las más grandes son: Sumatra, Borneo, Sulawesi y Java.

La mayor isla rodeada de agua dulce es Marajó, en la desembocadura del río Amazonas, con 38 000 km^2 de superficie (tamaño similar al que se reparten en conjunto las provincias cubanas de Pinar del Río, Artemisa, La Habana, Mayabeque, Matanzas, Cienfuegos y Sancti Spíritus, y casi igual al que posee Suiza). Al considerarse de origen fluvio-lacustre por encontrarse en el punto de contacto del gran río con el océano Atlántico, se considera como mayor isla fluvial (es decir, ubicada enteramente dentro del cauce de un río) la de Bananal, en el río brasileño Araguaia.

La mayor isla dentro de un lago es Manitoulin, en el sector canadiense del lago Hurón, con una superficie de 2 766 km^2 (es más grande que la isla cubana de la Juventud) y en ella residen poco más de 10 600 habitantes. En ella se localizan unos 80 lagos, en algunos de los cuales afloran a su vez pequeñas islas.

La isla australiana de Fraser, separada del continente por un brazo de mar de 13 km de ancho, es la mayor de arena con una superficie de 1 653 km^2. Mide 122 km de largo, y entre 5 y 25 de ancho. Sobre su superficie, matizada por altas dunas que llegan a elevarse hasta 240 m, se desarrollan extensos bosques.

La isla habitada más lejana, con unos 300 habitantes, es Tristán de Acuña (98 km^2), perteneciente a la dependencia británica de Santa Elena (la isla del mismo nombre, en el Atlántico meridional, es la tierra habitada más cercana, a 2 120 km al norte-noreste).

Por su parte, la isla deshabitada más lejana es Bouvet (perteneciente a Noruega), ubicada en los 54° 26' de latitud sur y 3° 24' de longitud oeste. Se encuentra a 1 700 km de la tierra más cercana.

El territorio insular permanentemente habitado más meridional es la Tierra del Fuego, compartido por Chile y Argentina.

El atolón más grande es Kwajalein, en las islas Marshall (Oceanía). Su estrecho arrecife de coral tiene 285 km de longitud y encierra una laguna de 2 850 km^2. Por su parte Niue, en Oceanía, es la más extensa isla coralina (263 km^2).

En cuanto a la isla más alta, se cuentan varias de un diminuto archipiélago en el lago Orba Co de la meseta asiática del Tíbet, cuyo espejo de agua se encuentra a 5 209 m sobre el nivel del mar.

Cuarenta y siete de los estados soberanos del mundo actual son totalmente insulares, muchos de ellos incluidos en el rango de "pequeñas naciones", mientras que en otros tres (Dinamarca, Guinea Ecuatorial y Malasia) la porción insular resulta muy relevante. Son también totalmente insulares la inmensa mayoría de los actuales territorios bajo diversas formas de dependencia, por lo que para la tercera parte de los países del mundo, la insularidad es total o marcadamente destacada.

Hidrografía

No es necesario hacer énfasis en que la mayoría de las fuentes especializadas han informado históricamente que el Nilo es el curso fluvial más largo del mundo y el único de los grandes ríos que corre de sur a norte, así como que en un punto de su extenso recorrido de 6 671 km, desde el río Kagera en Burundi hasta la costa egipcia del mar Mediterráneo. En su curso medio se encuentra el lago Nasser, un gigantesco embalse artificial formado por la gran represa de Assuán, construida entre 1958 y 1970, que dio lugar a uno de los mayores depósitos artificiales de agua del planeta con una superficie de 5 250 km^2, de los cuales el 83 % quedó en el lado egipcio y el restante en el sudanés, donde se le conoce como lago Nubia (el mayor de los embalses artificiales es el lago Volta, en Ghana, formado tras la edificación de la represa de Akosombo, con una superficie líquida de 8 500 km^2)

La longitud de los ríos debe medirse desde el nacimiento del más lejano afluente hasta la desembocadura. Las mediciones realizadas en las últimas décadas en la cuenca del Amazonas, avivaron la controversia entre el gran río suramericano y el Nilo, en cuanto a cuál de los dos es el más extenso. Numerosas fuentes confiables brindaron cifras diferentes para el gigante suramericano, veamos: la *National Geographic Magazine* le atribuyó en 1972 un total de 7 200 km medidos desde la laguna McInture en los Andes peruanos; el *Atlas of the World* de la misma institución, 6 437 km en 1981; el *Almanaque Mundial* de 1988 lo cifró en 6 762 km y el de 2005 en 6 400. Eberharp Ozaya en su libro *Ríos del Mundo* (1981) aseguró que mide 6 516 km y después varios geólogos brasileños, a partir de un riguroso estudio apoyado en fotos de satélites, demostraron que tiene 400 km más de lo que se pensaba. En el año 2010 las autoridades peruano-brasileñas confirmaron que la extensión total del río, desde la quebrada de Apacheta (departamento de Arequipa, Perú) hasta su desembocadura en el océano Atlántico, es de 7 062 km, lo que despeja las dudas y le da el sitial cimero por encima del mítico Nilo.

Tampoco se precisa esclarecer que el propio río Amazonas es el más caudaloso y que su cuenca fluvial —con más de siete millones de kilómetros cuadrados— es la mayor de todas. Pero sí que en muchos sectores de su curso bajo tiene una anchura que sobrepasa los 30 km, más que la existente entre las localidades cubanas de Mariel y Majana. En Cuba el 80 % de los ríos tienen menos de 40 km de extensión, por lo que la mayoría de ellos tendría espacio suficiente para correr por cualquier sección de dicho sector del cauce amazónico de una a otra de sus riberas. Por añadidura, la desembocadura del gigante suramericano se cuenta entre las más anchas del mundo y las aguas fluviales que se desplazan por ella, cargadas de cieno, tiñen las del Atlántico hasta unos 300 km mar adentro.

Los sistemas fluviales del Nilo-Kagera y del Amazonas-Ucayali, son seguidos en cuanto a extensión por los siguientes: Mississippi-Missouri (6 262 km), Yangtsé (5 520 km considerado como el río más largo dentro de un solo país, la República Popular China), Obi-Irtish (5 410 km) y Hoang Ho (4 845 km), todos más de cuatro veces más largos que la longitud axial de la isla de Cuba.

El mayor estuario es el del río siberiano Obi, con 885 km de largo y 80 de ancho (aunque técnicamente hablando, el más ancho se halla en el Río de la Plata, que mide 219 km en la línea imaginaria que une el balneario uruguayo de Punta del Este y el saliente argentino de Punta Rasa en el cabo de San Antonio, razón por la cual ciertas publicaciones lo consideran como el cauce fluvial más anchuroso del mundo, en un sitio donde las aguas dulces y saladas del océano Atlántico se confunden totalmente); el mayor delta es el del Ganges-Brahmaputra, en Bangladesh, con una superficie de unos 75 000 km^2 y el afluente más extenso es el Missouri, que desemboca en el Mississippi (es más largo que el río principal) y recorre 4 130 km, distancia que solo superan otros 12 ríos del mundo.

El Danubio (2 888 km de largo) es el río que más países atraviesa o bordea: 10 en total (Alemania, Austria, Eslovaquia, Hungría, Croacia, Serbia, Rumanía, Bulgaria, Moldova y Ucrania). A lo largo de su curso se encuentran medio centenar de ciudades de más de 30 000 habitantes y cuatro capitales europeas: la austriaca Viena, la eslovaca Bratislava, la húngara Budapest y la serbia Belgrado. Es posiblemente también el río que más denominaciones recibe: Donau en Alemania y Austria, Dunai en Eslovaquia, Duna en Hungría, Dunau en Croacia, Dunav en Serbia y Dunarea en Rumania.

El río más corto del mundo se denomina "D", está próximo a la pequeña y joven ciudad de Lincoln en el estado norteamericano de Oregón, y une el lago del Diablo (Devil´s Lake) con el océano Pacífico, a lo largo de menos de 100 m, funcionando solamente durante la marea baja, cuando le sirve de desagüe. Su profundidad media es de 2,5 m y la máxima de 3 m.

El río que nace más alto es el asiático Brahmaputra, que desemboca en el golfo o mar de Bengala en territorio de Bangladesh. Su más lejano afluente, llamado Maquan He, nace en la meseta del Tíbet a

6 020 metros sobre el nivel del mar. Por encima de esa altitud no existen corrientes de agua superficiales, ya que la temperatura está siempre por debajo del punto de congelación.

El Rhin ostenta el récord de río más intensamente navegado en su trayecto a través de Suiza, Francia, Alemania y Países Bajos.

El Chagres, en Panamá, que al ser represado entre 1907 y 1913 dio lugar al embalse de Gatún para el funcionamiento de las esclusas del canal de Panamá, es el único río que técnicamente desemboca en dos océanos, al fluir el agua hacia las cabezadas ubicadas en las costas del Pacífico y del mar Caribe.

El lago más extenso del planeta es el mar Caspio, de agua salada (de ahí su nombre de "mar"), que con 371 000 km^2 es más de tres veces mayor que Cuba. Tienen acceso a sus riberas los siguientes países: Rusia, Kazajistán, Turkmenistán, Irán y Azerbaiyán. En él desemboca el mayor río europeo: el Volga. Además del Caspio, otros cinco lagos se denominan "mares": el Muerto, el de Tiberíades (ambos en el Levante), mar Chiquita en Argentina, Salton en California y Aral (este último, compartido por Kazajistán y Uzbekistán, que era el cuarto más extenso del mundo, ha perdido desde 1960 más del 50 % de su volumen de agua y desde 1988 se ha dividido en dos: el Gran Aral y el Pequeño Aral, ocupando desde 2016 el lugar 23 entre los más extensos del planeta).

Se ha dicho y repetido históricamente que el lago más elevado es el Titicaca (figura 19), entre Perú y Bolivia, desarrollado en el cráter de un volcán extinto a 3 812 m sobre el nivel del mar, con una superficie líquida de 6 800 km^2. Sin embargo, en la meseta asiática del Tíbet abundan los lagos a una altitud superior, aunque muchos de ellos permanecen helados la mayor parte del año. Entre los ejemplos podría citarse el llamado Panch Pokhrí, con 1,6 km de largo a 5 414 m de altitud. Las más recientes estimaciones califican como el más alto de los lagos uno sin nombre que se localiza a 6 390 m sobre el nivel del mar en el lado argentino del volcán Ojos del Salado, con un diámetro de unos 100 m y una profundidad que oscila entre cinco y 10 m. El Titicaca se puede considerar como el lago navegable más alto.

Fig. 19 Vista del lago Titicaca, en la frontera entre Perú y Bolivia.

El lago de menor altitud y, a la vez, uno de los de mayor salinidad en el mundo es el mar Muerto (figura 20), entre Israel y Jordania, cuyo espejo de agua se encuentra a poco más de 400 m por debajo del nivel del mar. Este lago ocupa la parte más profunda de una depresión tectónica atravesada por el río Jordán y tiene 80 km de largo y un ancho máximo de 16 km, con una superficie de 810 km^2. La salinidad es tan elevada (1 240 kg por m^3, 28 %) que ningún ser vivo, salvo las artemias —un género de crustáceos que vive en aguas salobres— habita en él. Tal peculiaridad también explica que un ser humano no pueda hundirse de manera natural en sus aguas, ya que flota sin esfuerzo alguno (apenas lo superan en salinidad algunos lagos pocos conocidos, como el Assal en Djibutí y muy especialmente el Don Juan en la región de la Tierra de Victoria, Antártida, considerado como el más salino del planeta. El lago Don Juan merece un comentario particular: fue descubierto en 1961 y sobrevolado en helicóptero para su exploración inicial por los pilotos Don Roe y John Hickey, que le legaron sus nombres; es un estanque supersalino en una cuenca endorreica de 0,03 km^2 con cotas extremas de 100 por 300 m de largo y ancho, y una profundidad máxima de apenas 15 cm; contiene 18 veces más sal que el agua marina y casi dos tercios de la del mar Muerto, con 500 g de sal por litro de agua, es decir,

40 % de sal, lo que provoca que incluso con temperaturas ambientes de -50 °C sus aguas nunca se congelen).

Fig. 20 Orilla del mítico y bíblico mar Muerto, cuyas aguas poseen 30 % de sal por litro de agua. Este lago se localiza en el fondo de la más profunda depresión continental del planeta, entre Israel y Jordania y el territorio de Cisjordania, adjudicado a la llamada Autoridad Nacional Palestina.

El más profundo de los lagos es el siberiano Baikal (Rusia, 31 494 km² de superficie líquida), que a 456 m de altitud posee una profundidad máxima de 1 620 m, con 636 km de largo y una anchura máxima de 80 km; contiene más agua que el mar Báltico (se le calculan 23 600 km³ del preciado líquido, cifra que representa el 20 % del agua dulce no congelada del planeta). Es tal su capacidad que algunas fuentes se atreven a afirmar que si todos los ríos del mundo desembocaran en el Baikal, este tardaría en llenarse un año. De sus aguas emergen 22 pequeñas islas y es alimentado por varios centenares de ríos y afluentes que corren desde las montañas circundantes. Además del Baikal, solo otro lago presenta una profundidad superior a un kilómetro: el africano Tanganika (1 435 m) entre Tanzania, Zambia, República Democrática del Congo y Burundi.

El mayor conjunto lacustre es el de los Grandes Lagos norteamericanos, con una superficie líquida total superior a los 245 000 km².

Estos son a la vez los lagos más intensamente navegados y se comunican con el Atlántico a través del río San Lorenzo y un conjunto de canales artificiales. En sus riberas se yerguen ciudades tan importantes como: Chicago, Toronto, Buffalo, Detroit, Cleveland y Duluth, esta última uno de los puertos no marítimos más importantes del mundo. Uno de los Grandes Lagos, el Superior, es el mayor de agua dulce del planeta, con 82 350 km^2, el 65 % perteneciente a Estados Unidos y el 35 % restante a Canadá. El estado de Michigan, que posee costas hacia los lagos Superior, Hurón, Erie y Michigan, es el segundo de la Unión de acuerdo con la longitud total de litoral acuático que posee, en tanto el lago Michigan es el más grande del mundo dentro de un solo país (Estados Unidos).

La nación más rica en lagos es Finlandia, donde la superficie lacustre ocupa el 9 % del territorio nacional. Aunque se le conoce como "el país de los mil lagos", en realidad son más de 40 000, comunicados entre sí por ríos y canales, resultado de la intensa acción de los glaciares cuaternarios.

Las mayores caídas libres de agua, en saltos y cascadas o cataratas, son las siguientes: Salto del Ángel en Venezuela, con 972 m de caída libre; cascada de Tugela en Sudáfrica, con 948 m y cascada de Sutherland en la Isla Sur de Nueva Zelanda, con 579 m. En Cuba el sitio turístico más conocido con un salto de agua se encuentra en Soroa, provincia de Artemisa.

Las cataratas, son aquellos objetos fluviales donde la anchura de caída del agua es mayor que la altura, a diferencia de los saltos, en los que la relación se invierte. Además de las mencionadas en el párrafo anterior, son importantes exponentes las del Niágara en el río del mismo nombre que enlaza los lagos Erie y Ontario en América del Norte y donde las aguas se precipitan desde una altura de 49 m, las soberbias cataratas Victoria en el río africano Zambeze con un desnivel de 110 m en una anchura de casi dos kilómetros (son 16 veces más anchurosas que altas) y, en fin, la más ancha de todas está en el río Khone, en Laos, que con un declive máximo de 19 m, posee una anchura total de 10,8 km.

Si se toma en cuenta la masa de agua que cae, entonces entre las principales cataratas mundiales deben mencionarse las de Guaira, en el río suramericano Paraná (13 300 m^3 por segundo), Khone (Laos, 11 600) e Iguazú, afluentes del Paraná, donde las aguas se precipitan por 18 hermosos escalones de basalto con un caudal de 10 000 m por segundo en verano. El caudal medio de las cataratas del Niágara —compartidas por Estados Unidos y Canadá— es de 7 000 m por segundo.

Las cascadas se parecen a las cataratas, pero poseen un desnivel y caudal inferior.

El mayor glaciar del mundo es el Inlandsis antártico, que ocupa una superficie de más de 13 millones de km^2 con un espesor que supera los tres kilómetros.

El iceberg observado más cerca del Ecuador fue reportado en el océano Atlántico meridional, a 26° de latitud sur.

Récords meteorológicos

Las estimaciones históricas oficiales señalan que el récord mundial absoluto de calor lo posee la localidad libia de El Azizia (enclavada a 116 m sobre el nivel del mar), que el 13 de septiembre de 1922 registró 58 °C a la sombra, mientras que el de frío corresponde a la estación antártica rusa de Vostok (3 420 m de altitud), en la cual la temperatura bajó a -89.2 °C el 21 de julio de 1983. Sin embargo, recientes informaciones procedentes de observaciones satelitales de 2010, científicamente avaladas, afirman que el sitio más cálido del planeta es el desierto de Lut, en el sureste de Irán, que llegó a alcanzar 70 °C en el verano de 2005, mientras que el lugar más gélido se localiza en las cumbres de la meseta Antártica Oriental, próxima al Polo Sur, donde existen "bolsas de aire helado" a -93 °C.

La temperatura media anual más baja pertenece a la meseta Antártica, con -56,66 °C y la más alta a Dallol (Etiopía), con 34,4 °C (estas mediciones fueron realizadas en el período de 1960-1966). La temperatura más alta de la superficie del mar corresponde al golfo Pérsico, con 35,6 °C.

Para un lugar permanentemente habitado, el récord de temperatura más baja corresponde al poblado siberiano de Oymyakon, Rusia, situado a 700 m sobre el nivel del mar en los 63° 15' de latitud norte y 143° 09' de longitud este, y poblado por unos 470 habitantes, que en 1933 registró -68 °C (algunos registros que carecen de confirmación oficial señalan que el 26 de enero de 1926 se produjo una mínima de -71,2 °C), lo que significa un frío extremo en inviernos crudos que duran nueve meses, en los cuales la leche nunca está naturalmente líquida ni siquiera en los sótanos abrigados de las casas (una temperatura inferior a -60 °C es suficiente para congelar en pocos segundos las pestañas de una persona). Para una ciudad, la más fría es la también ruso-siberiana Yakutsk, a orillas del río Lena y a 120 m de altitud, en los 62° 01' de latitud norte y los 129° 43' de longitud este, poblada por más de 270 000 habitantes, cuya media anual de temperatura es de -10 °C, la cual llega a -40 °C en invierno (esta ciudad solo vive cinco meses por encima de cero grados y posee una de las oscilaciones térmicas más altas de la Tierra, pues la media de enero es de -41,1 °C y la de julio de 18,7 °C, lo que supone 59,8 °C de diferencia).

Los registros de lluvia más significativos se destacan a continuación: para un minuto los 38,1 mm precipitados el 26 de noviembre de 1970 en Barst, Guadalupe; para 20 minutos los 205,7 mm caídos en Curtea de Arges (Rumania), el 7 de julio de 1869; para 24 h los 1 870 mm en Cilaos, isla Reunión, el 13 de marzo de 1952 y para un mes y 12 meses, respectivamente, los correspondientes a Cherrapunji, India, con 9 300 mm, en julio de 1861 y 26 461 mm precipitados entre agosto de 1860 y julio de 1861 (para el período de 1973-2005 los pluviómetros de Cherrapunji registraron una media anual de 12 028 mm de lluvia).

La mayor precipitación media anual para un período (en este caso el de 1912 a 1945) corresponde al Monte Waialeale, en Kauai (Hawái) con 11 684 mm (en Kauai se registran más de 350 días lluviosos al año). La menor a Arica, Chile, que en un período de 53 años solo registró 0,8 mm (muy cerca de este lugar, en Iquique, hubo ausencia de lluvias durante 14 años seguidos).

En el desierto de Atacama, Chile, prácticamente no llueve nunca, mientras que en el tramo costero del Pacífico, entre Arica y Antofagasta, el promedio de precipitaciones anuales es de menos de 0,1 mm.

La más alta presión atmosférica se registró en Agata, Rusia, el 31 de diciembre de 1869 con 1 083,8 hectopascales (hP). La menor en el ojo del tifón Ida en 1969, que azotó el Pacífico occidental, con solo 874 hP.

El viento de superficie más fuerte se produjo el 12 de abril de 1934 en el Monte Washington, Nueva Hampshire, Estados Unidos, con una velocidad de 416 km/hora.

El granizo más pesado medido por el hombre cayó en el distrito de Gopalganj, Bangladesh, el 14 de abril de 1986, con un peso de algo más de un kilogramo. El de mayor tamaño se encontró en Dakota del Sur, Estados Unidos, en 2010, con un diámetro de 20 cm.

El arcoíris más duradero medido por el hombre se registró en el sur de la República Popular China, el 26 de noviembre de 2017, con una permanencia de ocho horas y 58 minutos, favorecido por una lenta velocidad del viento y favorables condiciones de humedad.

La escarcha

Aunque muy poco frecuente en Cuba, en ciertas madrugadas muy frías y en lugares muy precisos del país, se ha formado escarcha sobre las hojas de las plantas y otros objetos expuestos a la intemperie. Cuando algún testigo del fenómeno, pasado el tiempo, quiere convencer a su interlocutor de la intensidad del frío padecida, acostumbra a decir: "Fíjate si bajó la temperatura, que cayó escarcha". Pero, realmente, ¿la escarcha cae?

Las nubes, la niebla, el rocío y la escarcha son fenómenos resultantes de los procesos de condensación del agua en la atmósfera, que se producen a distintas alturas y bajo determinadas condiciones. Cuando en la atmósfera el vapor de agua se condensa, es decir, pasa del estado gaseoso al líquido, se forman pequeñas gotas de agua que al agruparse originan las nubes. Si tal proceso se produce a muy poca altura da lugar a la niebla, que es realmente una nube próxima a la superficie, originada sobre todo en valles, llanuras y hondonadas, la cual se disipa con relativa rapidez luego de la salida del Sol. Aunque las nubes y la niebla tienen procesos de formación parecidos, las condiciones que las originan no son exactamente las mismas, a pesar de que ambas tienen su génesis en un mismo proceso: la condensación del vapor de agua en la atmósfera.

El rocío y la escarcha son también, como se acotó anteriormente, formas de condensación del agua. El rocío se forma cuando durante la noche y la madrugada el aire se enfría por debajo del punto de saturación o punto de rocío, posibilitando la condensación del agua sobre las hojas de las plantas y objetos fríos, apareciendo pequeñas gotas de agua. Si este proceso se desarrolla a temperaturas inferiores a cero grados Celsius, en lugar de rocío se forma escarcha, pasando el vapor de agua directamente al estado sólido sin pasar por el líquido (sublimación), apareciendo entonces pequeños cristales de hielo. La escarcha o helada es un sedimento blanco y duro, muy común durante el invierno en los países fríos y aunque su formación es parecida a la del rocío, no se debe decir que sea propiamente rocío congelado. Dentro del proceso de condensación del agua en la atmósfera es un ejemplo de sublimación, o sea, de la transformación directa y rápida del vapor de agua en hielo.

Las distintas formas de condensación del agua en la atmósfera ocurren como resultado del descenso de la temperatura hasta el punto de rocío o del aumento de la cantidad de vapor de agua, siendo necesaria la presencia de núcleos de condensación (polvo, humo, etcétera), pues en el aire puro este proceso no ocurre aunque haya una gran saturación de vapor.

De manera tal, que tanto las nubes como la niebla o neblina, el rocío y la escarcha son formas de condensación, es decir, son fenómenos que se producen en la atmósfera bajo determinadas condiciones. El rocío o la escarcha, por tanto, se forman, no caen.

Tornados

Los tornados, conocidos también como "rabos de nube" o como trombas marinas —cuando se forman sobre el mar— son torbellinos o remolinos de pequeña escala y reducido diámetro, en los cuales el aire gira intensamente en torno a un centro de baja presión que se desplaza con rapidez sobre la superficie. Son, en síntesis, ciclones de pequeño radio de acción, impredecibles en su formación y altamente destructivos, pues sus vientos pueden alcanzar velocidades de varios cientos de km/hora (sin que haya podido establecerse el máximo, pues destruyen los instrumentos de medición a su paso).

La denominación de "rabo de nube" responde a la forma en que se aprecian, semejando una especie de cola alargada que desciende de una nube de tormenta o un embudo de base ancha en el cumulonimbo y desarrollo tubular sobre el terreno.

El carácter devastador de los tornados se evidencia a su paso, pues dejan tras de sí una estela de fuerte destrucción. Arrancan árboles de raíz, destruyen las edificaciones e, incluso, pueden absorber agua con toda su población animal y vegetal, succionando y elevando al espacio peces, hojas, ramas, polvo y hasta rocas que posteriormente caen en forma de curiosas precipitaciones (por ejemplo, una lluvia de peces). Cuando el centro del torbellino pasa sobre un edificio la presión exterior cae tan brusca y fulminantemente que la interior no puede compensarla, originando rotura de paredes y vidrios, haciendo saltar las tapas de botellas vacías. En las áreas edificadas afectadas por tornados, la mayoría de los daños están dados por la diferencia de presión al actuar sobre techos y paredes.

Como en ocasiones al pasar sobre pozos y estanques succionan el agua que estos contienen debido a la diferencia de presión, se ha tejido la leyenda de que los tornados "bajan en busca de agua", lo cual no es cierto, aunque sí que de encontrarla a su paso la absorben. El origen de estos fenómenos no tiene nada que ver con la supuesta búsqueda de agua, sino que se debe a factores atmosféricos. En línea general se forman al alterarse el equilibrio vertical de la atmósfera sobre superficies recalentadas, algo similar a la génesis de los conocidos "remolinos", pero en una escala de organización, fuerza de los vientos y poder destructivo centenares de veces superior.

El tornado que produjo más muertes y destrucción se produjo el 26 de abril de 1989, cuando la ciudad de Shaturia, Bangladesh, quedó devastada. El saldo fue de 1 300 muertos, mientras que más de 50 000 personas perdieron sus hogares. Contraproducentemente, el meteoro se produjo un día después de que el presidente del país encabezase los ruegos invocando lluvias, tras cuatro meses de intensa sequía.

En este epígrafe debe mencionarse, por su tremendo carácter destructor, el tornado que azotó a varios municipios de La Habana en las primeras horas de la noche del 27 de enero de 2019 (Diez de

Octubre, San Miguel del Padrón, Regla y Guanabacoa), en una faja de unos 500 m de ancho promedio y una fuerza de los vientos calculada en más de 300 km/h, lo cual colocó al inusitado fenómeno en la categoría 4 de 6 en la escala de Fujita, que evalúa la intensidad de daños causados (un solo tornado ha sido evaluado de F-6 desde 1971 y ocurrió en Moore, Oklahoma, Estados Unidos, en mayo de 1999, ocasión en la que se calcularon vientos de 512 km/h y daños inconcebibles).

Árboles y bosques

Es harto conocido que la reserva boscosa del mundo (figura 21) ha disminuido progresivamente con el decurso de los siglos para dar paso a la agricultura, al urbanismo, las redes viales, las instalaciones industriales y de servicios, etcétera.

Fig. 21 Los bosques de coníferas están representados por ejemplares que sobresalen por sus troncos rectos y muy elevados. La imagen corresponde al costado de un camino vecinal en la barriada rural de Upphärad, al sur de la ciudad sueca de Trollhättan.

Actualmente, la mayor reserva forestal se localiza en la Amazonia, verdadero "pulmón del planeta", que produce una cuarta parte del oxígeno de la Tierra. Otros reservorios importantes se encuentran en la cuenca del Congo, en el sureste asiático y en las fajas templadas de Norteamérica y Eurasia.

Los árboles más grandes del mundo en su conjunto son las secuoyas de la especie *sequoia dendron giganteum*, que crecen en el estado norteamericano de California. Uno de sus ejemplares, denominado General Sherman, mide 84 m de altura y posee, a 1,53 m sobre el nivel del suelo, una circunferencia de 31,3 m, por lo que se considera como el árbol más corpulento.

El árbol más alto del que se tenían noticias hasta inicios del siglo XXI fue la secuoya Dyerville Giant, que creció en el Parque Nacional Humboldt Redwoods del norte de San Francisco, en California y resultó derribada en 1991 cuando alcanzaba 113,38 m sobre el suelo. Actualmente el árbol vivo y ser viviente más alto del mundo, en el mismo parque, llamado Hyperion, es una *sequoia sempervirens* descubierta en septiembre de 2006, que alcanza 115,55 m y aún no ha detenido su crecimiento.

El más pequeño de los árboles es un bonsai japonés que no pasa de 5 cm.

El árbol vivo más antiguo se localiza en la Sierra Nevada de Estados Unidos, se le calcula una edad de 4 600 años (cuando Colón llegó a América en 1492 ya había vivido más de 4 000), es un pino de la especie *pinus longaeva* y lleva el sugestivo nombre de Matusalén. Sin embargo, en enero de 1994 se descubrieron los restos del llamado Árbol de Eon, una secuoya de madera roja en California, que cayó unos 20 años antes y al cual se le calcularon 6 200 años.

Los árboles de tronco más grueso son los baobads que crecen en las sabanas africanas, cuyos troncos en forma de barril tienen diámetros que muchas veces alcanzan los 10 m.

Especies en extinción

Se ha demostrado que actualmente las extinciones de especies vegetales y animales, ocurren a una velocidad entre 100 y 100 000 veces superior a cuando los seres humanos no poblaban la Tierra.

El Red Data Book enumera más de 1 000 especies del mundo animal amenazadas de extinción (aves, mamíferos, peces, anfibios y reptiles). En cuanto al mundo vegetal, por lo menos 25 000 especies corren actualmente el mismo peligro.

Entre ellas se mencionarán algunas. El pato hawayano solo subsiste en dos de las islas Hawái; el águila simiofaga, que se alimenta de monos y que solo existe en Filipinas no cuenta con más de un centenar de ejemplares y su número sigue disminuyendo a causa de la demanda de los zoológicos; el reptil aligator de China, oriundo de la parte oriental de ese país, considerado nocivo y que prácticamente ha sido exterminado para aprovechar su piel y su carne; la nutria gigante de Brasil, de piel muy apreciada y fácil de cazar; el onagro de las Indias, del que solo quedan unos cuantos centenares de ejemplares; el ciervo de Eld, del que apenas subsistían 14 ejemplares en 1975 como únicos supervivientes de una caza implacable; el tigre de Siberia, representado por pequeños grupos aislados en el sureste de Siberia, el noreste de China y Corea, enfrentado a una intensa caza para emplear sus huesos y su sangre a los que se les atribuyen propiedades curativas y, en fin, la ballena azul, cuyos especímenes se cifran en menos de 4 000.

En relación con las plantas, muchas especies están también en peligro de desaparecer, sobre todo por la destrucción de su hábitat, por la acción del turismo, la modificación del entorno, el empleo de sustancias químicas venenosas y por la recolección de plantas jóvenes para la horticultura. La *streblorhiza speciosa* era en el siglo pasado una planta corriente en algunas islas de Oceanía, pero ha desaparecido totalmente devorada por cabras, conejos y cerdos, perdiéndose así la única representante de un género. La *madusagynen oppositofolia*, descubierta en 1903, no volvió a encontrarse hasta 1970 en la isla Mahé del archipiélago de Seychelles, donde ha quedado confinada. Una de las últimas especies en desaparecer fue el caracol polinesio o *pártula túgida*, de gran valor para la farmacología.

Y como estos ejemplos, centenares más podrían llenar páginas enteras. Una verdadera cultura de la naturaleza podría proteger a estas especies de su total desaparición.

En 1972 la Unesco organizó la Convención para la protección del Patrimonio Mundial, Cultural y Natural, con la finalidad de establecer un compromiso para la protección de espacios de gran valor universal. En la actualidad varios centenares de bienes pertenecientes a más de 130 países se han inscrito en tan selecta lista.

Entre las iniciativas más importantes encaminadas a la protección y conservación del entorno natural y, por ende, de la flora y la fauna terrestre, está la creación de Parques Nacionales, el primero de los cuales se creó en 1872 en Yellowstone, al noroeste de Estados Unidos (catalogado como Patrimonio Mundial en el año 1978). Esta iniciativa se ha propagado por numerosos países (en Cuba, entre otros, tenemos el caso del Gran Parque Nacional Sierra Maestra), con resultados altamente positivos.

El más extenso de los parques nacionales del mundo es el canadiense Wood Buffalo, ubicado entre el Gran Lago del Esclavo y el Athabasca, donde se encuentra uno de los más extensos y bellos deltas del planeta —el de Paix Athabasca—, así como inmensas extensiones de praderas de hierba donde habitan cerca de 6 000 bisontes americanos, alces y osos, entre otros especímenes de su fauna típica.

El Parque Nacional de Yellowstone, en Wyoming, Estados Unidos, es cita obligada en esta materia, pues es uno de los más hermosos y célebres del mundo, sobre todo por las manifestaciones de la actividad volcánica. Enclavado en una meseta de unos 9 000 km^2 de superficie y rodeado por montañas de más de 2 000 m, presenta como atracción principal los géiseres. Uno de ellos, conocido como Gigante, expulsa cada tres días una columna de agua caliente de 90 m de altura y casi 95 °C de temperatura, mientras que el Viejo Fiel hace lo mismo cada 50-70 min, lanzando una columna de 42 m de altura y 90 °C.

La reserva de animales más vasta se encuentra en la zona de conservación de Ngorongoro en Tanzania, en un cráter de 15 a 20 km de diámetro y más de 600 m de profundidad. Contiguo a este lugar está el Parque Nacional de Serengeti, que con una superficie de 1,5 millones de hectáreas de sabanas y bosques claros, atesora los mayores rebaños de animales herbívoros del planeta, los que en ocasiones forman largas filas de más de 10 km de largo en sus desplazamientos hacia las fuentes de agua (Serengeti significa "llanuras interminables").

La mayor reserva ecológica del mundo es el Parque Nacional de Etosha en Namibia, creada en 1907, con una superficie actual de 99 525 km^2 (apenas 11 345 km^2 menor que el área del archipiélago cubano).

En relación con los zoológicos, que clasifican entre las opciones recreativas de mayor aceptación, suman más de 10 000 en todo el mundo, con una población conjunta que se calcula en más de tres millones de animales, visitados por un promedio de 600 millones de personas anualmente. Aunque desde la época del antiguo Egipto se exhibían en público animales exóticos, el zoológico más antiguo de la era moderna es el de Viena (Austria), fundado en 1752, mientras que el pionero de los cubanos es "el de 26", en La Habana, que data de 1938, cuando se abrieron a los visitantes varios recintos entre los que se recuerda el que albergaba a una célebre manada de chimpancés.

Desastres

La historia de la humanidad, lamentablemente, ha estado relacionada con numerosos desastres que han cobrado millones de víctimas. Además de los apuntados en anteriores capítulos, conviene prestar atención a los siguientes.

Entre los sismos, el más costoso en vidas humanas, se produjo el 24 de enero de 1556 en una zona muy poblada de China (Shensi), que ocasionó 830 000 muertos, mientras que el ocurrido el 1.° de septiembre de 1923 en la llanura de Kanto (Honshu, Japón), se evalúa como el de más daños materiales. Este último provocó un total de 143 000 víctimas fatales y resultaron destrozadas más de medio millón de viviendas en Tokio-Yokohama. En el pasado siglo el terremoto que ocasionó mayor pérdida de vidas fue el de Tangshan (China), que el 28 de julio de 1976 y con una magnitud de 8,2 en la escala de Richter, dejó un saldo de 655 235 muertos. La mayoría de los sismos que han ocasionado más víctimas se han producido en áreas intensamente pobladas del este y sureste de Asia. El más intenso medido por el hombre se produjo el 22 de mayo de 1960 con epicentro al sur de Chile y magnitud de 9,5 en la mencionada escala (terremoto de Valdivia).

En cuanto a desastres originados por olas sísmicas o tsunamis, el más trágico de todos se produjo el 26 de diciembre de 2004, dos horas y media después de un sismo en el fondo del mar próximo al extremo noroeste de la isla de Sumatra, que afectó a 12 países del mar de Bengala y del océano Índico en general, con un saldo de más de 225 000 muertos y varios millones de personas sin hogar (el sismo, con una magnitud de 8,96 en la escala de Richter, fue el quinto más fuerte desde 1900). Pero el tsunami más elevado observado por el hombre sucedió en 1883, cuando Java y Sumatra fueron barridas por olas de 42 m de altura tras la explosión del volcán Krakatoa.

En relación con las erupciones volcánicas, en los últimos cinco siglos la más costosa en vidas fue la de Tambora Sumbawa, Indonesia, que del 5 al 10 de abril de 1815 provocó 92 000 muertos. En el siglo xx y, exactamente, el 2 de mayo de 1902, se produjo la del Mont Pelée (Martinica), que tras violenta explosión, destruyó la ciudad de Saint Pierre y produjo la muerte instantánea de 40 000 personas. Por su intensidad y carácter desastroso, es imposible omitir la del volcán Krakatoa, que explotó violentamente el 27 de agosto de 1883, provocando un fuerte sismo y enormes tsunamis que mataron en Sumatra y Java a 36 000 personas, haciendo desaparecer 163 aldeas. La explosión fue oída a 5 000 km de distancia (archivándose como uno de los ruidos más grandes de la historia, escuchado en las islas Rodríguez, a 4 776 km, cuatro horas más tarde como un tronar de artillería), mientras que el polvo cayó a distancias de hasta 5 330 km durante 10 días. Algunas versiones señalan que el polvo dio la vuelta a la Tierra.

La mayor catástrofe por derrumbe de diques de represas se produjo el 31 de marzo de 1889 en el valle del río South Mill, Pensilvania, Estados Unidos, la cual causó entre 2 000 y 3 000 muertos.

En cuanto a inundaciones, la del río Hoang Ho en China en octubre de 1887, provocó 900 000 víctimas fatales.

Los huracanes han dejado una triste estela de muerte y destrucción. El país del mundo más azotado por tan terribles fenómenos tropicales es Filipinas, donde el promedio por año es de unos 20 (a los que localmente se les denomina baguios, aunque en general en el entorno asiático son conocidos como tifones).

Uno de estos fenómenos originó el siguiente hecho: cuando el 1.° de octubre de 1978 se proclamó la independencia de Tuvalu, las ceremonias de transferencia del poder debieron ser realizadas a bordo de navíos británicos surtos en el puerto, ya que la capital —Fongafale, en el atolón de Funafuti— arrasada por un tifón en 1972, carecía de edificios adecuados.

El peor huracán de todos los tiempos fue el que asoló a la actual Bangladesh, la noche del 12 al 13 de noviembre de 1970. Olas de entre 3 y 9 m de altura barrieron las islas y la faja costera, causando 300 000 muertos. La cifra de víctimas fatales, tomando en consideración además el efecto de los fuertes vientos e inundaciones, fue de casi medio millón (se asegura que en las islas de Bhola, Charjabbar, Hatia y Ramagati sobrevivió menos de la mitad de la población). Los sobrevivientes de tamaña catástrofe dependieron durante muchos meses de los socorros que aportaron diversos países, en una operación internacional de salvamento encaminada a paliar de alguna manera, el sardónico espectáculo de destrucción que dejó a su paso el terrible meteoro.

El huracán Andrew, que azotó el sur de Estados Unidos del 23 al 26 de agosto de 1992, provocó pérdidas materiales evaluadas en 22 000 millones de dólares.

Entre los desastres nucleares, el más costoso por la pérdida de vidas humanas y personas irradiadas, así como por los daños materiales y consecuencias ambientales presentes y futuras, fue el de la central electronuclear de Chernobil (Ucrania, a 120 km al norte de Kiev), luego de una explosión terrible de uno de sus cuatro reactores en la medianoche del 26 de abril de 1986, debido a errores humanos, que dejó una vasta zona declarada inhabitable por siglos, incluidas las ciudades de Pripiat y Chernobil, desde entonces totalmente abandonadas, y más de 90 pequeños pueblos y aldeas (en unas 36 horas fueron evacuados todos los habitantes con residencia en un radio de 30 km alrededor de la planta).

Otro grave accidente nuclear, de fecha más reciente, ocurrió el 11 de marzo de 2011, luego de un fuerte terremoto ocurrido al noreste de la isla japonesa de Honshu, que afectó las estructuras constructivas de la central de Fukushima, lo que provocó peligrosos escapes radiactivos y severas consecuencias ambientales en una extensa región.

Extremos geográficos cubanos

Si se considera el área de todo el archipiélago cubano, sus puntos extremos son los siguientes: al norte el extremo septentrional del cayo Cruz del Padre, en los 23° 16’ 34” de latitud norte (en realidad el punto más septentrional se localiza a poco más de un kilómetro al norte del cayo Cruz del Padre y se trata de un faro levantado sobre una pequeña roca coralina que apenas emerge y cuya base se hizo colocándose bloques de rocas calizas en varias camadas, después un edificio colonial cuadrado y sobre este la torre y su faro); al este la punta de Maisí en los 74° 7’ 52” de longitud este (resulta curioso señalar que mucho después de la construcción del faro de Concha, más conocido como faro de Maisí, a unos 4 km al norte-noroeste de la verdadera punta de Maisí, los mapas comenzaron a ubicarla frente al faro, lo que provocó que se trasladaran hacia el norte los nombres que se encontraban al sur de la punta, como la de Quemados, que por casi medio siglo fue considerada, erróneamente, como el extremo oriental del territorio nacional); al sur la punta del Inglés en los 19° 49’ 36” de latitud norte y al oeste el cabo de San Antonio en los 84° 37’ 54” de longitud occidental.

El eje longitudinal de la isla de Cuba, entre el cabo de San Antonio y la punta de Maisí, mide 1 250 km. La parte más ancha se encuentra entre la playa de Tararacos, al norte de Camagüey y la punta de Camarón Grande, al sur de la provincia de Granma, con 191 km. La más estrecha se localiza entre Mariel y Majana, con 31 km, en la provincia de Artemisa.

La mayor bahía cubana es la de Nipe (27,7 km de largo por 14,2 de ancho), la Sierra Maestra es la más extensa cordillera montañosa, el pico Turquino la mayor elevación (1 974 m, que por cierto, no es un pico, sino una pequeña planicie o explanada de 3000 m^2), el río Cauto el más extenso con 343 km de longitud y su cuenca fluvial la mayor con 8 969 km^2. El afluente más largo es el Salado (en la cuenca del Cauto) con 126 km.

La laguna más extensa es la de la Leche, al norte de la provincia de Ciego de Ávila (67,07 km^2, que es realmente una albufera); el embalse artificial más grande es el Zaza en Sancti Spíritus, con una capacidad máxima operativa autorizada en mayo de 2020 de

920 millones de m^3 de agua; el mayor sistema cavernario es el de Palmarito en Pinar del Río, con 48 km de galerías comunicadas; la cueva más profunda es Cuba-Hungría en la provincia de Cienfuegos con 422 m hacia el interior de la superficie, mientras que la mayor vertical se encuentra en la furnia de Pipe, en las alturas santiagueras de Baire, con 145 m de caída libre.

El salón subterráneo de mayor magnitud es el de los Pájaros, en el sistema cavernario Majaguas-Cantera de la Sierra de San Carlos, en Pinar del Río, con las siguientes dimensiones: 300 por 100 por 148 m.

La temperatura máxima absoluta se registró en la estación de Veguitas, Granma, el 12 de abril de 2020 con 39,7°C. La mínima absoluta correspondió al 18 de febrero de 1996 en la estación de Bainoa (provincia de Mayabeque) con 0,6 °C.

El área de mayores precipitaciones es el noreste de la región oriental, donde llueve intensamente a lo largo de todo el año. Incluso, en la llamada estación seca (de noviembre a abril) en dicha zona llueve más que en cualquier otro lugar de Cuba en el período lluvioso (mayo a octubre). En contraposición, la zona más seca se localiza al sur de la provincia de Guantánamo, en una faja paralela a la costa.

La ciénaga de Zapata es la mayor área pantanosa y la península del mismo nombre la más extensa.

Varadero, con unos 20 km de playas de finas y blancas arenas, es el mayor balneario, aunque hay playas más extensas como Playa Larga, en la costa meridional de la Isla de la Juventud, con unos 25 km de extensión entre la punta del Guanal y Punta Brava.

En relación con las provincias, la mayor de todas es Camagüey (14 134 km^2), mientras la más pequeña es La Habana (727 km^2). Esta última, con 2,1 millones de habitantes (estimado de enero de 2021) es la más poblada y concentra alrededor del 19 % de la población nacional. Ciénaga de Zapata es el municipio más extenso y menos poblado, mientras que el de Santiago de Cuba retiene la supremacía demográfica. El más pequeño de los municipios cubanos es Centro Habana (2,8 km^2), que no obstante, es más poblado que otros 157 municipios del país (actualmente Cuba cuenta con 168 municipios, uno de ellos con características especiales y subordinación nacional: Isla de la Juventud).

El hombre: incansable explorador

La primera circunvalación del mundo la llevó a cabo la expedición de Fernando de Magallanes entre 1519 y 1522. Sin embargo, ni Magallanes (muerto en una escaramuza en las islas Filipinas) ni los 18 hombres que regresaron a España tras rodear el planeta navegando hacia el oeste, fueron los primeros en hacerlo. Tal honor correspondió al esclavo de Magallanes llamado Enrique, comprado por él primero en Insulindia, algunos años antes y que lo acompañó en su viaje de regreso a Portugal y después en la expedición. Cuando esta llegó a Filipinas, el esclavo malayo se quedó atónito al entender lo que los nativos le decían, y fue ese un momento memorable, pues constituyó la primera vez desde que la Tierra existía, que un hombre volvía a su patria después de dar la vuelta al mundo.

Los grandes descubrimientos geográficos se realizaron en lo fundamental entre los finales de los siglos XV y XVIII. Sin embargo, el conocimiento del interior de los continentes no estuvo relativamente completo hasta el ocaso del siglo XIX.

Algunas regiones del mundo no permitieron la presencia del hombre hasta el siglo XX, en especial las zonas polares y las mayores cumbres montañosas.

El primer humano en arribar al Polo Norte fue el norteamericano Robert Edwin Peary, el 6 de abril de 1909, en un viaje eminentemente deportivo que aportó muy poco a la ciencia. Se afirma hoy que este viaje carece de pruebas irrefutables, pues varios ensayos recientes lo ponen en tela de juicio. Por ejemplo, la expedición de Wally-Herbet en 1968-1969, sobre una capa de hielo en perfectas condiciones y con modernos trineos, logró en su mejor día de recorrido hacer 37 km en 15 horas, en tanto Peary proclamó haber hecho una media de 61 km durante ocho días consecutivos, lo cual, para muchos glaciólogos, es inadmisible.

El Polo Sur fue conquistado por el noruego Roald Amundsen y otros cuatro coterráneos a las once de la mañana del 14 de diciembre de 1911 (figura 22), luego de una marcha de 53 días en trineos tirados por perros. Cálculos posteriores demostraron que los expedicionarios llegaron a unos 400-600 m del polo exacto. Comoquiera que resulta imposible marcar el Polo Sur geográfico sobre el suelo continental, es decir, sobre la Antártida rocosa, las marcaciones se hacen sobre la superficie de hielo y esta, al estar sobre un glaciar, se desplaza 10 metros cada año encima de una gran meseta aplanada y fría recorrida, y castigada casi a diario por fuertes vientos, por lo que en la actualidad ese punto está representado por una señal y una estaca colocada y reposicionada cada año por miembros de la base científica estadounidense Amundsen-Scott, la que sustituyó una señalización anterior que marcaba el polo meridional mediante un anillo de bidones de gasolina vacíos consumidos por la citada base científica.

Fig. 22 Monumento a los conquistadores del Polo Sur en Oslo, Noruega. Aparecen a tamaño natural y de izquierda a derecha Olaf Adjaaland, Oskar Wisting, Roald Amundsen, Sverre Hassel y Helmer Hansson.

Los primeros humanos en avistar ambos polos fueron Roald Amundsen y Oskar Wisting (que habían llegado al Polo Sur en 1911), cuando sobrevolaron el Polo Norte a bordo de un avión el 12 de mayo de 1926.

El primer humano en pisar los dos polos fue Robert Swan, que dirigió una expedición de tres hombres que llegó al Polo Sur el 11 de enero de 1986 y tres años más tarde encabezó la expedición Icewalk de ocho hombres que alcanzó el Polo Norte el 14 de mayo de 1989.

Fig. 23 Edmund Hillary, alpinista neozelandés, uno de los dos primeros hombres que alcanzaron la cumbre del monte Everest en mayo de 1953.

La primera cima superior a los 8 km fue vencida el 3 de junio de 1950 por los expedicionarios franceses Maurice Herzog y Louis Lachenal (pico Annapurna, en Nepal). Tres años después, el 29 de mayo de 1953, dos miembros de la expedición inglesa de Hunt (el neozelandés Edmund Hillary (figura 23) y el guía nepalés Tensing Bhutia), conquistaban la cima del Everest, la mayor elevación de la Tierra, en la cual Tensing izó en un solo mástil las banderas de la Onu, Inglaterra, India y Nepal, dejando en la helada cima, como ofrenda a sus dioses, una barra de chocolate, varias galletas y un lápiz regalado por su hija. Tensing, de origen sherpa y, como tal, excelente montañero, adornado por una proverbial sencillez y modestia, jamás dijo que la gloria de colocar por primera vez un pie sobre el techo del mundo le correspondió a él.

Hombres en el espacio

La conquista del espacio directamente por seres humanos se inició el 12 de abril de 1961, con el vuelo de la nave soviética *Vostok 1* tripulada por Yuri Gagarin, que en 1 h y 48 min efectuó la primera vuelta orbital a nuestro planeta.

Dos años después la también soviética Valentina Tereshkova se convirtió en la primera mujer en recorrer el espacio cósmico a bordo de la nave *Vostok 6*, en la que dio 48 vueltas a la Tierra.

El primer hombre con dos vuelos espaciales orbitales fue el estadounidense Gordon Cooper, en las naves *Fate 7* (del programa Mercury, mayo de 1963) y *Gémini 5* (agosto de 1965). Por su parte, el primero con tres vuelos del mismo tipo fue Walter Shirra (Estados Unidos, naves *Sigma 7* en 1962, *Gémini 6* en 1965 y *Apolo 7* en 1968); el primero con cuatro, James Lovell (Estados Unidos, naves *Gémini 5* en 1965, *Gémini 12* en 1966, *Apolo 8* en 1968 y *Apolo 13* en 1970); el primero con cinco y seis vuelos fue John Young (Estados Unidos, naves *Gémini 3* en 1965, *Gémini 10* en 1966, *Apolo 10* en 1969, *Apolo 16* en 1972 y dos vuelos en el transbordador Columbia). Actualmente el récord de más vuelos al espacio es de siete y lo comparten los estadounidenses Franklin Chang Díaz (dos vuelos en los transbordadores *Columbia, Atlantis* y *Discovery* y un vuelo en el *Endeavour*) y Jerry Ross (cinco vuelos en el transbordador *Atlantis* y uno en cada caso en el *Columbia* y *Endeavour*).

En cuanto a "paseos espaciales", la primicia la tuvo el soviético Alexei Leonov, que voló con Pavel Belyayev en la nave *Vosjod 2,* de la que salió unido por un cable durante 12 min alejándose hasta cinco metros el 18 de marzo de 1965. La primera mujer en realizar un paseo de ese tipo fue la norteamericana Kathlyin Sullivan, que voló en 1984 en la séptima salida de la lanzadera *Challenger*, mientras que el más lejano de todos lo protagonizó Alfred Worden, cuando en el viaje de regreso de *Apolo 15* estuvo fuera de la nave 16 minutos a 315 400 km de distancia de la Tierra.

Los primeros humanos en salir en una nave y regresar en otra fueron los soviéticos Alexei Eliseev y Evgueni Jrunov. El 14 de enero de 1969 fue puesta en órbita *Soyuz 4* con el cosmonauta Vladimir Shatalov. Un día después despegó la *Soyuz 5* con Volinov, Eliseev y Jrunov a bordo. El 16 de enero acoplaron, lo que significó la primera estación cósmica de la historia. Después del acoplamiento, los dos últimos, provistos de escafandras autónomas de aseguramiento vital, salieron al espacio durante 37 minutos y pasaron a la nave *Soyuz 4,* en la que regresaron a la Tierra.

Frank Borman, James Lovell y William Anders fueron los primeros hombres en aproximarse a otro cuerpo celeste, cuando a bordo de *Apolo 8* efectuaron, en diciembre de 1968, 10 vueltas a la Luna. El 20 de julio del año siguiente Neil Armstrong y Edwin Aldrin se convirtieron en los primeros humanos que pisaron la Luna, a la que llegaron en el vehículo de alunizaje de la nave *Apolo 11*.

Un total de 24 hombres, todos norteamericanos, han estado en órbita lunar (tres de ellos, dos veces) y 12 se han desplazado y caminado sobre la superficie selenita.

Eugene Cernan y Harrison Smith, tripulantes de *Apolo 17* (diciembre de 1972) ostentan el récord de permanencia en la Luna, con poco más de tres días (exactamente 74 h, 59 min y 40 s), en los cuales realizaron tres salidas del módulo de alunizaje para explorar la polvorienta superficie lunar durante 22 h y casi 4 min, ocasión en la que se desplazaron a lo largo de 35 km (también récord) a bordo de un vehículo especial todoterreno eléctrico conocido como Rover.

La mayor altura alcanzada por el hombre (y, por ende, mayor lejanía de la Tierra) se produjo cuando la tripulación del tristemente célebre *Apolo 13* se encontraba en el punto más distante, 254 km encima de la Luna, a 400 187 km de nuestro planeta, el 15 de abril de 1970. Pero el ser humano más alejado de sus semejantes en toda la historia de la humanidad fue Alfred Worden cuando sobrevolaba la cara oculta de la Luna, a 3 596 km de sus compañeros Scott e Irwin, que se encontraban entonces en el vehículo de descenso sobre la superficie selenita en agosto de 1971.

El vuelo más largo de la historia de la cosmonáutica lo protagonizó el médico ruso Valery Poliakov, que fue lanzado el 8 de enero de 1994 y permaneció en la estación orbital MIR hasta el 22 de marzo de 1995, tras 437 días, 17 h, 56 min y 16 s.

El mayor número de astronautas de manera simultánea en el espacio fue de 13, el 14 de marzo de 1995: siete a bordo del transbordador *Endeavour,* tres en la estación orbital MIR y otros tres a bordo de la nave *Soyuz TM-21.*

El 31 de julio de 1992 se impuso el récord de más países con astronautas en el cosmos al mismo tiempo, con un total de cinco: Rusia, Francia, Italia, Suiza y Estados Unidos, distribuidos así: cuatro rusos y un francés en la estación MIR; cinco norteamericanos, un suizo y un italiano en el transbordador *Atlantis*. El récord fue igualado el 22 de febrero de 1996 por astronautas de Estados Unidos, Rusia, Suiza, Italia y Alemania (12 en total en cada caso).

La tripulación más numerosa en una sola misión espacial comprendió ocho personas durante el vuelo del *Challenger 9*, lanzado el 30 de octubre de 1985, apenas tres meses antes de su explosión luego de despegar con siete tripulantes en enero de 1986, constituyéndose en el mayor desastre en la historia de la cosmonáutica hasta ese momento (otro de similares consecuencias y tripulación, sucedió en febrero de 2003 cuando la nave Columbia, faltando 16 min para su aterrizaje, explotó sobre los cielos de Texas).

El récord de más mujeres en un mismo artefacto espacial se impuso en abril de 2010, cuando se reunieron cuatro féminas a bordo de la Estación Espacial Internacional (tres estadounidenses y una japonesa).

Según la Federación de Aeronáutica Internacional, hasta enero de 2019 un total de 563 personas de unos cuarenta de países habían viajado al cosmos, incluidas 61 mujeres (dicha entidad considera como persona en el cosmos aquella que alcanza la altitud cósmica de más de 100 km sobre la superficie terrestre e ingravidez). Del total mencionado, dos estadounidenses cumplieron ambos parámetros, pero no orbitaron la Tierra, pues realizaron breves vuelos con trayectoria balística en 1961.

Para inicios del segundo cuarto del siglo XXI se pronostica el arribo de seres humanos al planeta Marte, como parte de un vasto proyecto futurista dirigido al conocimiento y exploración del Sistema Solar (los estadounidenses han anunciado que en 2025 enviarán nuevamente astronautas a la Luna, hecho que no ocurre desde diciembre de 1972, en tanto los chinos aseguran que harán lo mismo en 2027).

La conquista del cosmos ha traído consigo algunas consecuencias negativas, entre las que sobresale la conversión del espacio cercano a la Tierra en un "basurero espacial". Más de 10 000 objetos con diámetros superiores a 10 cm giran alrededor de nuestro planeta, en su mayoría restos de cohetes, naves y equipos aeroespaciales.

¿Qué dejaron en la Luna sus primeros exploradores?

Los primeros exploradores lunares, Neil Armstrong y Edwin Aldrin, dejaron el 20 de julio de 1969 en la superficie selenita un cuadro memorial adosado a una de las patas del vehículo de alunizaje destinado a perpetuar la efeméride con la siguiente inscripción en lengua inglesa: "Aquí los hombres de la Tierra han puesto por primera vez los pies sobre la Luna. Julio, año 1969 de nuestra era. Hemos llegado en son de paz, en nombre de toda la humanidad" (en el cuadro aparecen las firmas de los astronautas y del entonces presidente norteamericano Richard Nixon). Además, una bandera de Estados Unidos desplegada sobre un asta clavada en el suelo; dos medallas obsequiadas respectivamente por las familias de los soviéticos Yuri Gagarin (el primer cosmonauta del mundo, fallecido un año antes) y de Vladimir Komarov (que pereció en el trágico accidente de la nave Soyuz-1, en 1967), así como las insignias del proyecto Apolo en memoria de los astronautas norteamericanos Virgil Gissson, Roger Chaffee y Edward White, que habían perdido sus vidas en un simulacro de lanzamiento en Cabo Cañaveral dos años antes y, en fin, depositaron una grabación magnética con saludos procedentes de gobernantes de 76 países en numerosos idiomas.

Dejaron además un sismómetro y un retrorreflector de rayos láser, así como todo el "lastre" innecesario: los equipos de suministro de oxígeno, las pesadas botas, los guantes y visores lunares, algunas herramientas ya inútiles, cables y aditamentos usados, desperdicios alimenticios, las bolsas con orine y otros residuos orgánicos e, incluso, las muy costosas cámaras fotográficas y de televisión. Y bueno, las huellas de sus pasos marcadas para la eternidad en el polvoriento suelo lunar (figura 24).

Fig. 24 Huella de una de las botas de Edwin Aldrin en la Luna. Misión *Apolo 11.*

Se comenta que la mayoría de los hombres que caminaron por la Luna tuvieron serios problemas emocionales al llegar a la Tierra. Incluso, algunos no siguieron soportando la vida en pareja y se divorciaron, otros se volvieron demasiado religiosos. Cuando James Irwin y David Scott caminaron sobre la Luna (*Apolo 15,* 1971) experimentaron mareos y alteración cardiaca, que los científicos atribuyeron a fatigas. Ya en la Tierra, dos años más tarde, Irwin, con 43 años, sufrió un severo ataque al corazón. Nunca se repuso y falleció en 1991. Se cuenta que en su lecho de muerte volvió a repetir: "Yo vi a Dios en la Luna".

Y ya que se trata el tema de la navegación espacial, sería bueno señalar que la nave que más se ha alejado de nuestro planeta (sin tripulación), es *Voyager 1,* lanzada el 5 de septiembre de 1977 desde Cabo Cañaveral, Estados Unidos, y que traspasó los confines del Sistema Solar rumbo a las estrellas a una velocidad de 17 km por segundo. Llegó a Júpiter en enero de 1979 y logró su máximo acercamiento al gran planeta el 5 de marzo de 1980 a 278 000 km de la superficie. Acelerada por el campo gravitatorio de Júpiter, alcanzó Saturno el 12 de noviembre de 1980, aproximándose a una distancia de 124 200 km, ocasión en la que descubrió estructuras complejas en el sistema de anillos del planeta y recopiló datos de su atmósfera y de su mayor satélite natural, Titán, del que pasó a menos de

6 500 km. El 17 de febrero de 1998 la *Voyager 1* se encontraba a 10 400 millones de km de la Tierra, momento memorable en el que rompía el récord de alejamiento establecido 10 años antes por la sonda Pioneer 10. En septiembre de 2004 alcanzó una distancia de 14 000 millones de km (cifra equivalente a 13 h luz) y sigue siendo el objeto construido por el hombre que más se ha distanciado de la Tierra. Se aleja con una velocidad de 60 000 km por hora y, en septiembre de 2022, se encontraba a más de 23 500 millones de km de la Tierra (lo que significa cuatro veces la órbita de Neptuno, el más distante de los planetas del Sistema Solar), dirigiéndose al centro de la Vía Láctea, dejando el espacio dominado por la influencia del Sol para desplazarse por él de las estrellas, es decir, por el espacio interestelar (es tal la distancia a que se encuentra, que una señal procedente de la Tierra demoraba en llegar a la nave en la última fecha señalada 20 h y 33 min, el mismo que tarda la respuesta, por lo que la comunicación de ida y vuelta representa unas 42 h).

Destinada a errar eternamente por el universo, lleva a un costado uno de los dos mensajes dirigidos a cualquier civilización que lo encuentre (el otro lo lleva la nave gemela *Voyager 2*, que fue lanzada el 20 de agosto de 1977). Dicho mensaje, concebido por un grupo de científicos liderado por el desaparecido estadounidense Carl Sagan, va en un disco fonográfico de oro que contiene, entre otras cosas, saludos en 55 idiomas, la grabación de un canto de ballenas, un ensayo sonoro de 12 min que incluye un beso, el llanto de un bebé y un registro electroencefalográfico de las reflexiones de una joven enamorada; 118 fotografías codificadas sobre nosotros, nuestra civilización y nuestra ciencia y 90 min de las mejores piezas musicales de la Tierra, tanto orientales como occidentales, clásicas y folklóricas, entre ellas un canto nocturno navajo, el canto de iniciación de una joven pigmea, una canción nupcial peruana y piezas de Bach, Beethoven, Mozart, Stravinski y Louis Armstrong, entre otros. Se espera que pueda seguir enviando datos hasta 2025, cuando sus tres generadores termoeléctricos de radioisótopos (verdaderas pilas nucleares que convierten el calor de la desintegración radiactiva del plutonio en electricidad) no puedan seguir aportando suficiente energía para mantener encendidos los equipos de comunicaciones.

EPÍLOGO

Llegó la hora de poner punto final a esta relación comentada de registros y fenómenos presentes en la geografía mundial, que no siempre aparecen en los contenidos de planes y programas de estudio educacionales y que se recogen apenas de una manera muy dispersa en las publicaciones periódicas y especializadas, a pesar de que cultivan el espíritu, motivan el conocimiento y entretienen las horas libres.

Podrían decirse muchas más cosas, por ejemplo que la cerca más larga es una alambrada a prueba de dingos en Queensland, Australia, con 1,8 m de alto y 5 531 km de extensión; que ningún país produce más té que India; que Egipto es la única nación con la totalidad de sus tierras arables bajo regadío; que la ciudad indonesia de Pontianak es la localidad más próxima a la línea ecuatorial; que Agadir, en Marruecos, es el primer puerto sardinero del mundo; que la palabra "alisios" (vientos alisios) proviene de la francesa "alis", que significa "regular" en alusión a que soplan de manera casi constante en la zona intertropical; que la mina subterránea más grande es El Teniente, al norte de Chile, dedicada a la extracción de cobre, con unos 3 000 km de túneles y galerías o que los himnos nacionales más cortos, con solo cuatro versos en cada caso, son los de Japón, Jordania y San Marino, así como que 11 de ellos no tienen letras. Eso y mucho más. Pero nada, salvo el universo y los números, puede ser interminable.

Esta recopilación no intenta, no puede, no quiere, competir con *Guinness, el libro de los récords*, ni con la *Enciclopedia Standards* de Yung-lo-ta-Tien, de 22 937 capítulos y mucho menos con la colección de *British Parlamentary Papers* cuyos 1 200 tomos, a razón de 10 h diarias, tardarían en leerse seis años y cuya edición de 500 ejemplares realizada en Londres entre 1967 y 1971, requirió cueros de 34 000 cabras indias.

Nuestros propósitos fueron modestos, nuestro trabajo largo y cuidadoso, nuestra intención apasionada.

Esta *Geografía de las curiosidades* la hicimos pensando en nuestros jóvenes estudiantes, a quienes deseamos motivar y a quienes desearíamos ver escalando altas montañas, disfrutando las maravillas de los paisajes urbanos o penetrando en las entrañas de oscuras cavernas, cuidando la naturaleza y la obra humana milenaria, conociéndola y amándola.

Usted, que ya llegó hasta aquí, ¿se motivó? Si es así quien queda endeudado soy yo. Nuevas metas nos esperan.

BIBLIOGRAFÍA

Academia de Ciencias de Cuba: *Nuevo Atlas Nacional de Cuba*, Ed. Instituto Geográfico Nacional, España, 1989.

ACEREZA, M. A: *Administración del turismo. Conceptualización y organización* (I), Ed. Trillas, México D.F., 1997.

ACEVEDO, P. y otros: *Los nombres geográficos de Cuba* (primera parte, Tabloide para el curso de Universidad para Todos), Ed. Academia, La Habana, 2011.

Administración de Geodesia y Cartografía: *The World Atlas*, Ed. Administración de Geodesia y Cartografía, Moscú, 1967.

AIRON, P.: "Gigantes del mar", *Revista Sendas*, año 1, La Habana, mayo de 1996.

ALEXEEV, A.: *Geografía de la población con elementos de Demografía*, Ed. Progreso, Moscú, 1987.

Close up USA. The National Geographic Society, Washington, DC. United States, 1996.

Comisión Nacional de Nombres Geográficos: *Nomenclator de nombres geográficos normalizados de Cuba*, Ediciones GEO, La Habana, 2000.

CORDELLIER, S. y otros: *L`état du monde 2002*, Editions La Découverte & Syros, París, 2011.

Desarrollo Humano, Informe, Tercer Mundo Editores 1999.

ELIASSON, J.: *Los desastres naturales*, Departamento de Información Pública de Naciones Unidas, Nueva York, 1992.

ESPINA, A.: *Juan Sebastián Elcano*, Ed. Aguilar, Madrid, 1959.

GRAHAM, IAN: *Viaje espacial*, Edición en español preparada por Alquimia Ediciones, S.A. de C.V. México, D.F., 2004.

GRIJALBO MONDADORI, S.A.: *Atlas del mundo*, Barcelona (edición española), 1998.

Guinness, el libro de los récords, Edición española, Edimundo S.A., Madrid, 2000.

GUZMÁN, A.: *A través del Atlántico*, Ed. Oriente, Santiago de Cuba, 2005.

HERMANN, P.: *Historia de los descubrimientos geográficos,* 3 t., Ed. Labor S.A., Barcelona, 1996.

HERZOG, M.: *Ascención al Annapurna*, Ediciones Huracán, La Habana, 1970.

IZNAGA, A.: "La Giraldilla. Estatua que gira", *Bohemia*, año 64, La Habana, 15 de septiembre de 1972.
LAPIERRE, D. y L. COLLINS: *El quinto jinete*, Plaza & Janés Editores. S.A., Barcelona, 1990.
LEAKEY, M.: "El horizonte más lejano", *National Geographic* (Edición española), Edición Especial, España, 2000.
LEAKEY, R. y R. LEWIN: *La sexta extinción. El futuro de la vida y de la humanidad*, Tusquets Editores, S.A., Barcelona, 1997.
LLUIS, E. y otros: *Diccionario geográfico de Cuba*, Ediciones GEO, La Habana, 2000.
MARTÍNEZ, O.: *El Almirante de la Mar Océana*, Ed. Gente Nueva, La Habana, 1998.
MC NALLY, R.: *Atlas of World Geography*, [*s.n.*], Chicago, 1996.
ONEI: *Anuario Estadístico de Cuba* (Edición de 2020), La Habana, 2020.
PÉREZ, M. y otros: *Diccionario de términos geográficos,* Ed. Pueblo y Educación, La Habana, 2016.
RODRÍGUEZ, O.: *Las islas del mundo*, Ed. Gente Nueva, La Habana, 2007.
_________: *Fronteras del mundo*, Ed. Gente Nueva, La Habana, 2011.
_________: *Compendio insular. Islas del mundo*, Ed. Científico-Técnica, La Habana, 2015.
RODRÍGUEZ, R. y M. BUENDÍA: *Por los caminos del cosmos*, Ed. Científico-Técnica, La Habana, 1984.
SAGAN, C.: "En las fronteras del Sistema Solar", *Revista Alma Mater*, La Habana, 1990.
SOSA, Y. y otros: *Geografía Física General. Temas seleccionados*, Ed.Pueblo y Educación, La Habana, 2004.
SVERDLOW, J.: "Mundo físico, ¿cómo cambiará el planeta?", *National Geographic* (Edición española), España, 1998.
TAVIANI, P. E.: *La aventura de Cristóbal Colón*, Editorial de Ciencias Sociales, La Habana, 1989.
UNESCO: "Predecir y cambiar el tiempo", *El Correo de la Unesco*, París, agosto-septiembre de 1973.
VANDELEEN, V.: *Obras del Zuiderzee*, Servicio de Información del Estado, La Haya, [s.a.]
VLASOVA, T.V.: *Geografía física de los continentes*, Ed. Pueblo y Educación, La Habana, 1981.
ZWEIG, S.: *Magallanes*, Editora Latinoamericana, S.A., México, D.F., 1953.

www.ingramcontent.com/pod-product-compliance
Lightning Source LLC
LaVergne TN
LVHW010751051026
849532LV00007B/2329